高等院校人工智能专业系列教材

U0416752

最优化理论与方法

金海燕　主编

石俊飞　苏浩楠　蔡　磊　王　彬　副主编

電子工業出版社
Publishing House of Electronics Industry
北京 · BEIJING

内 容 简 介

最优化理论与方法是计算机科学与技术、人工智能及相关专业的主干课程之一。本书结合最优化理论与方法的基本原理和各种高效算法的实际应用，系统地介绍了最优化问题的数学建模方法，并融入了和最优化理论与方法课程密切相关的思政元素。

全书共 9 章，第 1 章为引言，第 2～9 章全面系统地介绍了相关数学知识、线性规划、单纯形方法、对偶理论和灵敏度分析、一维搜索、使用导数的最优化方法、惩罚函数法、动态规划法，同时部分章末引入了思政扩展阅读内容。

本书提供了较为丰富的实例、案例分析和几何演示，可以作为计算机科学与技术、人工智能、数学和运筹学等相关专业高年级本科生与研究生的教材，也可以作为从事该领域研究的工程技术人员的学习参考书。

图书在版编目（CIP）数据

最优化理论与方法 / 金海燕主编. — 北京：电子工业出版社，2024.3
ISBN 978-7-121-47350-0

I. ①最… II. ①金… III. ①最佳化理论－高等学校教材 ②最优化算法－高等学校教材 IV. ①O224 ②O242.23

中国国家版本馆 CIP 数据核字（2024）第 043432 号

责任编辑：孟 宇
印　　刷：涿州市般润文化传播有限公司
装　　订：涿州市般润文化传播有限公司
出版发行：电子工业出版社
　　　　　北京市海淀区万寿路 173 信箱　　邮编：100036
开　　本：787×1092　1/16　印张：8.75　字数：218 千字
版　　次：2024 年 3 月第 1 版
印　　次：2024 年 10 月第 2 次印刷
定　　价：49.80 元

凡所购买电子工业出版社图书有缺损问题，请向购买书店调换。若书店售缺，请与本社发行部联系，联系及邮购电话：(010)88254888，88258888。
质量投诉请发邮件至 zlts@phei.com.cn，盗版侵权举报请发邮件至 dbqq@phei.com.cn。
本书咨询联系方式：mengyu@phei.com.cn。

前　言

党的二十大报告明确指出："加快推动产业结构、能源结构、交通运输结构等调整优化。实施全面节约战略，推进各类资源节约集约利用，加快构建废弃物循环利用体系。"最优化理论与方法为我们在生产实际中落实党的二十大精神提供了相关技术手段。

最优化理论与方法是现代科学与工程领域中重要的研究领域之一。本书根据最优化理论与方法课程的教学重点，结合该领域最新研究方向、新兴技术和应用情况编写。

本书共 9 章，参考学时数为 40～60。第 1 章主要通过具体实例介绍了线性规划与非线性规划问题；第 2 章主要介绍了相关数学知识，包括矩阵、凸集与凸函数等；第 3 章主要介绍了线性规划，包括线性规划问题的标准形式，以及线性规划的基本概念与性质等；第 4 章主要介绍了单纯形方法，包括单纯形方法的基本思想、使用表格形式的单纯形方法和案例分析等；第 5 章主要介绍了对偶理论和灵敏度分析，包括线性规划中的对偶理论、对偶单纯形方法等；第 6 章主要介绍了一维搜索，包括一维搜索的基本概念、试探法等；第 7 章主要介绍了使用导数的最优化方法，包括最速下降法、牛顿法、共轭梯度法；第 8 章主要介绍了惩罚函数法，包括外点惩罚函数法、内点惩罚函数法；第 9 章主要介绍了动态规划法，包括动态规划的基本概念、逆推解法、顺推解法。

本书在编写过程中注重理论与实践相结合，提供了丰富的实例和案例分析，旨在培养读者利用最优化理论与方法的思维解决实际问题的能力。

本书由西安理工大学的金海燕担任主编，石俊飞、苏浩楠、蔡磊、王彬担任副主编。其中，第 1、2 章和第 6～8 章由金海燕、苏浩楠编写；第 3～5 章由石俊飞编写；第 9 章由蔡磊、王彬编写。

另外，本书在编写过程中还参考并引用了一些文献，在此向被引用文献的所有作者表示衷心的感谢。

由于编者水平有限，书中难免存在一些疏漏，殷切希望广大读者批评指正。

编　者

2024 年 1 月

目　录

第1章 引　　言

1.1 概　　述

随着社会信息化的发展，在计算机中使用智能优化理论进行科学分析与计算已成为科学研究工作的一种重要手段。最优化理论与方法是应用数学的一个重要分支，所研究的问题是在众多可以解决问题的方案中，讨论哪种方案是最优的，以及怎样找出最优方案。例如，在实际工程设计中，如何选择设计参数，才能使方案既能满足设计要求又能使成本最低；在产品加工过程中，如何搭配各种原料比例，才能既提高产品数量和质量又能使成本最低；在资源配置中，如何设计分配方案，才能既满足各方面的基本要求又能获得最佳的经济效益；在城建规划中，如何对工厂、机关、学校、医院、商场和其他单位等进行合理布局，才能既方便群众又有利于城市各方面的发展。在人类生活的各个领域，此类问题不胜枚举。这类基于现有资源，期待使效益极大化或为实现某类目标而使成本极小化的问题称为最优化问题。

最优化理论与方法的研究为最优化问题的解决提供了理论基础和求解方法，是一门应用广泛、实用性强的学科，也是一个古老的课题，它的相关理论和方法有很多，如线性规划、非线性规划、动态规划、排队论、对策论、决策论、博弈论等。早在 17 世纪，英国科学家牛顿（Isaac Newton）发明微积分时就已提出极值问题。18 世纪，瑞士数学家欧拉（Leonhard Euler）把整个数学推至物理领域，并撰写了《无穷小分析引论》《微分学原理》《积分学原理》等数学界的经典著作。法国数学家拉格朗日（Joseph-Louis Lagrange）以欧拉的思路和结果为依据，从纯分析方法出发，提出了变分法。1847 年，法国数学家柯西（Augustin Louis Cauchy）研究了函数沿什么方向下降最快的问题，提出了最速下降法。法国数学家傅里叶（Joseph Fourier）和瓦莱-普森（C. Vall'ee Poussin）分别于 1832 年与 1911 年独立提出线性规划的想法，但未引起广泛关注。1939 年，前苏联数学家康托罗维奇提出了解决下料和运输两种线性规划问题的求解方法。20 世纪 40 年代，线性规划的发展拓宽了最优化理论与方法领域，并激发了持续 80 多年的现代最优化理论与方法的研究。

1951 年，库恩（Kuhn）和塔克（Tucker）提出了非线性最优化的重要理论，即 Kuhn-Tucker 最优条件（简称 KT 条件），此后，在 20 世纪 50 年代，主要对梯度法和牛顿法进行研究，这两个方法的基本理论和性质已被广泛应用。20 世纪 70 年代是最优化理论与方法飞速发展的时期，序列二次规划法和拉格朗日乘子法是这一时期最重要的研究成果。计算机的飞速发展使非线性规划的研究如虎添翼。20 世纪 80 年代，学者研究了信赖域法、稀疏拟牛顿法、大规模问题的方法和并行计算等。20 世纪 90 年代，主要研究解决非线性规划问题的内点惩罚函数法、直接搜索法和有限存储法等。21 世纪以来，包括深度学习在内的各种新的优化算法不断涌现，为最优化理论与方法领域增添了绚丽的色彩。

1.2 线性规划与非线性规划问题

一般来说，最优化问题是求一个多元函数在某个给定集合上的极值问题。因此，几乎所有类型的最优化问题都可以用下面的数学模型来描述：

$$\begin{aligned} &\min f(\boldsymbol{x}) \\ &\text{s.t. } \boldsymbol{x} \in \Omega \end{aligned} \tag{1.1}$$

其中，Ω 为某个给定的集合，称为可行集或可行域；$f(\boldsymbol{x})$为定义在集合上连续可微的多元实值函数，称为目标函数；$\boldsymbol{x} = (x_1, x_2, \cdots, x_n)^{\mathrm{T}}$ 为决策变量；min 为 mininize 的缩写，可读作“极小化”或“最小化”；s.t.为 subject to（英文含义为受限于）的缩写，可读作“约束条件是”。

对于极大化目标函数的情形，通常用 max 表示 maximize，可读作“极大化”或“最大化”。在求解过程中，可以通过在目标函数前添加负号（–）来等价地将其转化为极小化目标函数。

本节将列举一些简单的线性规划和非线性规划问题，以说明其重要性及其在不同领域的实际应用。

例 1.1 生产计划问题

假设某工厂用 4 种资源生产 3 种产品，每单位第 j 种产品需要第 i 种资源的数量为 a_{ij}，可获利润为 c_j，第 i 种资源的总消耗量不能超过 b_i，由于市场限制，第 j 种产品的产量不能超过 d_j。试问如何安排生产才能使总利润最大？

解析：建立该问题的数学模型。

设3种产品的产量分别为x_1, x_2, x_3，这是决策变量；目标函数是总利润，即$c_1x_1 + c_2x_2 + c_3x_3$；约束条件包括资源限制[$a_{i1}x_1 + a_{i2}x_2 + a_{i3}x_3 \leqslant b_i$（$i = 1, 2, 3, 4$）]、市场销量限制[$x_j \leqslant dj$（$j = 1, 2, 3$）]、产量非负限制[$x_j \geqslant 0$（$j = 1, 2, 3$）]。该问题可概括为在一组约束条件下，确定一种最优生产方案，即 $x^* = (x_1^*, x_2^*, x_3^*)$，使目标函数值最大。该问题的数学模型为

$$\begin{aligned} &\max \sum_{j=1}^{3} c_j x_j \\ &\text{s.t. } \sum_{j=1}^{3} a_{ij} x_j \leqslant b_i, \quad i = 1,2,3,4 \\ &\qquad 0 \leqslant x_j \leqslant d_j, \quad j = 1,2,3 \end{aligned} \tag{1.2}$$

例 1.2 食谱问题

假设市场上可以买到 n 种不同的食品，第 j 种食品的单位售价为 c_j，每种食品含有 m 种基本营养成分，第 j 种食品的每个单位的第 i 种营养成分的含量为 a_{ij}。假设每人每天对第 i 种营养成分的需求量不少于 b_i。试问如何在保证营养要求条件下最小化膳食总费用？

解析：建立该问题的数学模型。

设每人每天需要各种食品的数量分别为$x_1, x_2, \cdots, x_n$；本例的目标是使总费用最少，即$c_1x_1 + c_2x_2 + \cdots + c_nx_n$最小；约束条件是保证营养要求，即满足 $a_{i1}x_1 + a_{i2}x_2 + \cdots + a_{in}x_n \geqslant b_i$（$i=1, 2, \cdots, m$）。

该问题的数学模型为

$$
\begin{aligned}
&\min \sum_{j=1}^{n} c_j x_j \\
&\text{s.t.} \ \sum_{j=1}^{n} a_{ij} x_j \geqslant b_i, \ \ i=1,2,\cdots,m \\
&\qquad x_j \geqslant 0, \qquad j=1,2,\cdots,n
\end{aligned}
\tag{1.3}
$$

例 1.3　选址问题

假设有 n 个市场，第 j 个市场的位置为(a_j, b_j)，对某种货物的需求量为 q_j（j=1, 2,…,n）。现计划建立 m 个货栈，第 i 个货栈的容量为 c_i（i=1, 2,…, m）。试问如何确定货栈的位置，使各货栈到市场的运输量与路程的乘积之和最小？

解析：建立该问题的数学模型。

设第 i 个货栈的位置为(x_i, y_i)（i=1,2,…,m），第 i 个货栈向第 j 个市场提供的货物量为 W_{ij}（i=1,2,…,m，j=1,2,…,n），第 i 个货栈到第 j 个市场的距离为 d_{ij}，则有

$$
d_{ij} = \sqrt{(x_i - a_j)^2 + (y_i - b_j)^2} \tag{1.4}
$$

本例的目标是使运输量与路程的乘积之和最小，即使

$$
\sum_{i=1}^{m} \sum_{j=1}^{n} W_{ij} \sqrt{(x_i - a_j)^2 + (y_i - b_j)^2} \tag{1.5}
$$

最小。由已知可得约束条件如下。

（1）每个货栈向各市场提供的货物量之和不能超过它的容量。

（2）每个市场从各货栈得到的货物量之和应等于它的需求量。

（3）运输量不能为负数。

因此，该问题的数学模型为

$$
\begin{aligned}
&\min \sum_{i=1}^{m} \sum_{j=1}^{n} W_{ij} \sqrt{(x_i - a_j)^2 + (y_i - b_j)^2} \\
&\text{s.t.} \ \sum_{j=1}^{n} W_{ij} \leqslant c_i, \ \ i=1,2,\cdots,m \\
&\qquad \sum_{i=1}^{m} W_{ij} = q_j, \ \ j=1,2,\cdots,n \\
&\qquad W_{ij} \geqslant 0, \qquad i=1,2,\cdots,m, \quad j=1,2,\cdots,n
\end{aligned}
\tag{1.6}
$$

例 1.4　投资决策问题

假设某公司有 n 个项目可供选择投资，并且至少要对其中一个项目进行投资。已知该公司拥有总资金 M 元，投资第 i（i=1,2,…,n）个项目需要花费资金 a_i 元，并预计可收益 b_i 元。试问如何选择投资方案能使公司收益最大化？

解析：建立该问题的数学模型。

设投资决策变量为

$$x_i=\begin{cases}1, & \text{决定投资第}i\text{个项目} \\ 0, & \text{决定不投资第}i\text{个项目}\end{cases},\quad i=1,2,\cdots,n \tag{1.7}$$

投资总额为$\sum_{i=1}^{n}a_ix_i$，投资总收益为$\sum_{i=1}^{n}b_ix_i$。由于该公司至少要对一个项目进行投资，并且投资总额不超过总资金 M 元，因此约束条件为$0<\sum_{i=1}^{n}a_ix_i\leqslant M$。另外，由于 x_i（$i=1,2,\cdots,n$）只能取 0 或 1，因此$x_i(1-x_i)=0$，$i=1,2,\cdots,n$。

最佳投资方案应该使投资总额最小、投资总收益最大，因此，最佳投资决策问题可以归结为在投资总额和决策变量（取 0 或 1）的约束条件下，极大化投资总收益与投资总额之比。

因此，该问题的数学模型为

$$\begin{aligned}&\max Q=\frac{\sum_{i=1}^{n}b_ix_i}{\sum_{i=1}^{n}a_ix_i}\\ &\text{s.t.}\quad 0<\sum_{i=1}^{n}a_ix_i\leqslant M\\ &\qquad x_i(1-x_i)=0,\quad i=1,2,\cdots,n\end{aligned} \tag{1.8}$$

在例 1.1 和例 1.2 的数学模型中，目标函数和约束条件都是线性的，这类问题称为线性规划问题。在例 1.3 和例 1.4 的数学模型中，目标函数或约束条件至少有一个是非线性的，这类问题称为非线性规划问题。

在线性规划和非线性规划问题中，满足约束条件的点称为**可行点**，全体可行点组成的集合称为**可行集**或**可行域**。如果一个问题的可行域是整个空间，那么此类问题称为**无约束问题**。如果线性规划问题的最优解存在，那么其最优解只能在其可行域的边界上（可行域的边界如果有顶点，就在顶点上达到最优解。），而非线性规划问题的最优解（如果最优解存在）则可能为其可行域的任意一点。

思政园地

优选法与青年榜样华罗庚

20 世纪 60 年代，我国数学界兴起理论联系实际和数学服务国民经济的运动，华罗庚带头走出校门，深入实践，寻找理论数学在实际中的应用点，为工农业生产服务。当年，普通工人掌握的数学知识少，计算能力有限，线性规划等优化方法难以普遍推广。华罗庚总结经验，不断思考，寻求一些易于被人们接受并应用且实用的数学方法。他分析项目管理中的需求，进行分析简化，提出了统筹法，用于制订生产管理和作业计划。同时，华罗庚考虑到生产一线在选取工艺参数中的需求，提出了优选法，用最少的试验次数找出最优点。优选法主要的方法是 0.618 试探法，其有很好的性质，如 1∶0.618=1.618∶1 和(1−0.618)/0.618=0.618。对于优选法，1−0.618=0.382 和 0.618 是两个特殊的点，这两个点与 0 和 1 的中间点 0.5 的距离相同，即以 0.5 为轴互为镜像。他在 1971 年编写了《优选法平话》来普及该方法，后来又扩充了一些案例而编写了《“优选法”平话及其补充》。这本书用通俗的语言和生活中的案例来讲解优选法。

1930 年，仅凭自学的华罗庚撰写的论文《苏家驹之代数的五次方程式解法不能成立之理由》在上海《科学》杂志发表，引起清华大学数学系主任熊庆来的重视。1931 年秋，清华大学破格邀请华罗庚到清华大学任数学系助理员。进入清华大学后，华罗庚两年完成了数学系课程，自学英语、法语和德语，并在国外权威杂志上多次发表论文。1933 年冬，清华大学破格任命他为助教。1936 年，华罗庚赴英国剑桥大学读书，以极快的速度同时攻读七八门学科，两年内就“华林问题”“他利问题”“奇数的哥德巴赫问题”写了十多篇论文，先后发表在英、苏联、法、德等国的杂志上。

第 2 章　相关数学知识

2.1　向量与矩阵

2.1.1　基本定义

在数学学科中，向量指具有大小和方向的量，通常用一组有序排列的数表示。它可以形象化地表示为带箭头的线段，箭头指示向量的方向，线段长度表示向量的大小。与向量对应的量是数量（物理中称为标量），如距离、质量、温度、密度等。标量只有大小，没有方向。

矩阵这个名词是在 19 世纪 50 年代，由英国数学家詹姆斯·约瑟夫·西尔维斯特提出的，尽管其具体形式在更久远之前就已经存在。关于矩阵，最早的文献可以追溯到我国古代的数学巨著《九章算术》。1545 年，虚数的发明者罗拉莫·卡尔达诺把这个概念传入欧洲，以求解方程组，即几个未知变元由两个或更多等式关联，构成联立方程组。他把方程组的各系数抽取出来并保持其位置构成一个阵列，这就构成了一个矩阵。

2.1.2　矩阵的秩

矩阵的秩是线性代数中的一个概念。矩阵 $\boldsymbol{A}$ 的列秩是其线性独立的纵列的极大数目。类似地，矩阵 $\boldsymbol{A}$ 的行秩是其线性无关的横行的极大数目。

考虑 $m \times n$ 矩阵：

$$\boldsymbol{A}=\begin{bmatrix} a_{11} & a_{12} & \cdots & a_{1n} \\ a_{21} & a_{22} & \cdots & a_{2n} \\ \vdots & \vdots & & \vdots \\ a_{m1} & a_{m2} & \cdots & a_{mn} \end{bmatrix} \tag{2.1}$$

$\boldsymbol{A}$ 的第 k 列用 $\boldsymbol{a}_k$ 表示（$\boldsymbol{a}_k$ 为列向量），即

$$\boldsymbol{a}_k=\begin{bmatrix} a_{1k} \\ a_{2k} \\ \vdots \\ a_{mk} \end{bmatrix} \tag{2.2}$$

矩阵 $\boldsymbol{A}$ 中线性无关列的最大数目称为 $\boldsymbol{A}$ 的秩，记为 rank $\boldsymbol{A}$。

在以下运算中，矩阵 $\boldsymbol{A}$ 的秩保持不变。

（1）矩阵 $\boldsymbol{A}$ 的某个（些）列乘以非零标量。

（2）矩阵内部交换列次序。

（3）在矩阵中加入一列，该列是其他列的线性组合。

如果矩阵 $\boldsymbol{A}$ 的行数等于列数（$\boldsymbol{A}$ 为 $n\times n$ 矩阵），那么该矩阵称为方阵。行列式是与每个方阵 $\boldsymbol{A}$ 相对应的一个标量，记为 $\det\boldsymbol{A}$ 或 $|\boldsymbol{A}|$。方阵的行列式是各列的函数，具有如下性质。

（1）方阵 $\boldsymbol{A}=[\boldsymbol{a}_1,\boldsymbol{a}_2,\cdots,\boldsymbol{a}_n]$的行列式是各列的线性函数，即对任意 $\alpha,\beta\in\mathbb{R}$ 和 $\boldsymbol{a}_k^{(1)},\boldsymbol{a}_k^{(2)}\in\mathbb{R}^n$，都有

$$\begin{aligned}&\det[\boldsymbol{a}_1,\boldsymbol{a}_2,\cdots,\boldsymbol{a}_{k-1},\alpha\boldsymbol{a}_k^{(1)}+\beta\boldsymbol{a}_k^{(2)},\boldsymbol{a}_{k+1},\cdots,\boldsymbol{a}_n]\\&=\alpha\det[\boldsymbol{a}_1,\boldsymbol{a}_2,\cdots,\boldsymbol{a}_{k-1},\alpha\boldsymbol{a}_k^{(1)},\boldsymbol{a}_{k+1},\cdots,\boldsymbol{a}_n]+\beta\det[\boldsymbol{a}_1,\boldsymbol{a}_2,\cdots,\boldsymbol{a}_{k-1},\boldsymbol{a}_k^{(2)},\boldsymbol{a}_{k+1},\cdots,\boldsymbol{a}_n]\end{aligned}\tag{2.3}$$

（2）如果对某个正整数 k，有 $\boldsymbol{a}_k=\boldsymbol{a}_{k+1}$，则有

$$\det\boldsymbol{A}=\det[\boldsymbol{a}_1,\boldsymbol{a}_2,\cdots,\boldsymbol{a}_k,\boldsymbol{a}_{k+1},\cdots,\boldsymbol{a}_n]=\det[\boldsymbol{a}_1,\boldsymbol{a}_2,\cdots,\boldsymbol{a}_k,\boldsymbol{a}_k,\cdots,\boldsymbol{a}_n]=0\tag{2.4}$$

（3）令

$$\boldsymbol{I}_n=[\boldsymbol{e}_1,\boldsymbol{e}_2,\cdots,\boldsymbol{e}_n]=\begin{bmatrix}1&0&\cdots&0\\0&1&\cdots&0\\\vdots&\vdots&&\vdots\\0&0&\cdots&1\end{bmatrix}\tag{2.5}$$

其中，$[\boldsymbol{e}_1,\boldsymbol{e}_2,\cdots,\boldsymbol{e}_n]$是 $\mathbb{R}^n$ 的标准基，则有

$$\det\boldsymbol{I}_n=1\tag{2.6}$$

如果矩阵 $\boldsymbol{A}$ 具有 r 次子式$|\boldsymbol{M}|$，则它具备以下性质。

（1）$|\boldsymbol{M}|\neq 0$。

（2）从 $\boldsymbol{A}$ 中抽取一行和一列，增加到 $\boldsymbol{M}$ 中，如果由此得到的新子式为零，则有 $\operatorname{rank}\boldsymbol{A}=r$，因此，矩阵 $\boldsymbol{A}$ 的秩等于它的非零子式的最高次数。

一个非奇异（可逆）矩阵是一个行列式非零的方阵。假定 $\boldsymbol{A}$ 是 $n\times n$ 方阵，若 $\boldsymbol{A}$ 非奇异，当且仅当存在 $n\times n$ 方阵 $\boldsymbol{B}$ 时，使得 $\boldsymbol{AB}=\boldsymbol{BA}=\boldsymbol{I}_n$，其中，$\boldsymbol{I}_n$ 表示 $n\times n$ 单位矩阵，其形式为

$$\boldsymbol{I}_n=\begin{bmatrix}1&0&\cdots&0\\0&1&\cdots&0\\\vdots&\vdots&&\vdots\\0&0&\cdots&1\end{bmatrix}\tag{2.7}$$

则方阵 $\boldsymbol{B}$ 称为方阵 $\boldsymbol{A}$ 的逆矩阵，记为 $\boldsymbol{B}=\boldsymbol{A}^{-1}$。

2.1.3　线性方程组

线性方程组是每个方程关于未知数均为一次的方程组。对线性方程组的研究，我国比欧洲至少早 1500 年，记载在《九章算术》的方程章中。与二元线性方程组和三元线性方程组类似，由 m 个方程、n 个未知数（未知数用 $x_1,x_2,\cdots,x_n$ 表示）构成的线性方程组的一般形式为

$$\begin{cases}a_{11}x_1+a_{12}x_2+\cdots+a_{1n}x_n=b_1\\a_{21}x_1+a_{22}x_2+\cdots+a_{2n}x_n=b_2\\\qquad\vdots\\a_{m1}x_1+a_{m2}x_2+\cdots+a_{mn}x_n=b_m\end{cases}\tag{2.8}$$

其中，$\{b_1,b_2,\cdots,b_m\}$为常向量。未知数又称元，由 n 个未知数构成的线性方程组也称 n 元线性方程组，该方程组也可以表示为向量形式，即

$$x_1\boldsymbol{a}_1+x_2\boldsymbol{a}_2+\cdots+x_n\boldsymbol{a}_n=\boldsymbol{b} \tag{2.9}$$

其中

$$\boldsymbol{a}_j=\begin{bmatrix}a_{1j}\\a_{2j}\\\vdots\\a_{mj}\end{bmatrix},\quad \boldsymbol{b}=\begin{bmatrix}b_1\\b_2\\\vdots\\b_m\end{bmatrix} \tag{2.10}$$

通常也将该方程组写成矩阵形式，即

$$\boldsymbol{Ax}=\boldsymbol{b} \tag{2.11}$$

其中，$\boldsymbol{A}$ 为系数矩阵，即

$$\boldsymbol{A}=[\boldsymbol{a}_1,\boldsymbol{a}_2,\cdots,\boldsymbol{a}_n] \tag{2.12}$$

增广矩阵定义为

$$[\boldsymbol{A},\boldsymbol{b}]=[\boldsymbol{a}_1,\boldsymbol{a}_2,\cdots,\boldsymbol{a}_n,\boldsymbol{b}] \tag{2.13}$$

未知数向量为

$$\boldsymbol{x}=\begin{bmatrix}x_1\\x_2\\\vdots\\x_n\end{bmatrix} \tag{2.14}$$

2.1.4 内积和范数

点积（Dot Product）又称数量积（Scalar Product）、内积（Inner Product），是一种向量运算，但其结果为某一数值，并非向量。对于 $\boldsymbol{x},\boldsymbol{y}\in\mathbb{R}^n$，定义欧几里得空间内积为

$$\langle\boldsymbol{x},\boldsymbol{y}\rangle=\sum_{i=1}^{n}x_iy_i=\boldsymbol{x}^{\mathrm{T}}\boldsymbol{y} \tag{2.15}$$

内积是一个实值函数$\langle\cdot,\cdot\rangle:\mathbb{R}^n\times\mathbb{R}^n\to\mathbb{R}$，具有如下性质。

（1）非负性：$\langle\boldsymbol{x},\boldsymbol{x}\rangle\geqslant 0$，当且仅当 $\boldsymbol{x}=\boldsymbol{0}$ 时，$\langle\boldsymbol{x},\boldsymbol{x}\rangle=0$。

（2）对称性：$\langle\boldsymbol{x},\boldsymbol{y}\rangle=\langle\boldsymbol{y},\boldsymbol{x}\rangle$。

（3）可加性：$\langle\boldsymbol{x}+\boldsymbol{y},\boldsymbol{z}\rangle=\langle\boldsymbol{x},\boldsymbol{z}\rangle+\langle\boldsymbol{y},\boldsymbol{z}\rangle$。

（4）齐次性：对于任意 $r\in\mathbb{R}$，总有$\langle r\boldsymbol{x},\boldsymbol{y}\rangle=r\langle\boldsymbol{x},\boldsymbol{y}\rangle$。

向量 $\boldsymbol{x}$ 的欧几里得范数（Euclidean Norm）定义为

$$\|\boldsymbol{x}\|=\sqrt{\langle\boldsymbol{x},\boldsymbol{x}\rangle}=\sqrt{\langle\boldsymbol{x}^{\mathrm{T}}\boldsymbol{x}\rangle} \tag{2.16}$$

定理 2.1（柯西-施瓦茨不等式） 对于 $\mathbb{R}^n$ 中任意两个向量 $\boldsymbol{x}$ 和 $\boldsymbol{y}$，有柯西-施瓦茨不等式

$$|\langle \boldsymbol{x}, \boldsymbol{y} \rangle| \leqslant \|\boldsymbol{x}\|\|\boldsymbol{y}\| \tag{2.17}$$

成立。进一步，当且仅当对某个 $\alpha \in \mathbb{R}$，有 $\boldsymbol{x} = \alpha \boldsymbol{y}$ 时，该不等式的等号成立。

证明：首先假定 $\boldsymbol{x}$ 和 $\boldsymbol{y}$ 是单位向量，即$\|\boldsymbol{x}\| = \|\boldsymbol{y}\| = 1$，则有

$$\begin{aligned} 0 \leqslant \|\boldsymbol{x} - \boldsymbol{y}\|^2 &= \langle \boldsymbol{x} - \boldsymbol{y}, \boldsymbol{x} - \boldsymbol{y} \rangle \\ &= \|\boldsymbol{x}\|^2 - 2\langle \boldsymbol{x}, \boldsymbol{y} \rangle + \|\boldsymbol{y}\|^2 \\ &= 2 - 2\langle \boldsymbol{x}, \boldsymbol{y} \rangle \end{aligned} \tag{2.18}$$

即

$$\langle \boldsymbol{x}, \boldsymbol{y} \rangle \leqslant 1 \tag{2.19}$$

当且仅当 $\boldsymbol{x} = \boldsymbol{y}$ 时，等号成立。

其次，假定 $\boldsymbol{x}$ 和 $\boldsymbol{y}$ 都是非零向量（当其中一个为零时，显然不等式成立），可以用单位向量 $\boldsymbol{x} / \|\boldsymbol{x}\|$ 和 $\boldsymbol{y} / \|\boldsymbol{y}\|$ 替换 $\boldsymbol{x}$ 和 $\boldsymbol{y}$，则有：

$$\langle \boldsymbol{x}, \boldsymbol{y} \rangle \leqslant \|\boldsymbol{x}\|\|\boldsymbol{y}\| \tag{2.20}$$

用$-\boldsymbol{x}$取代 $\boldsymbol{x}$，有

$$-\langle \boldsymbol{x}, \boldsymbol{y} \rangle \leqslant \|\boldsymbol{x}\|\|\boldsymbol{y}\| \tag{2.21}$$

这两个不等式意味着绝对值不等式成立。当且仅当 $\boldsymbol{x} / \|\boldsymbol{x}\| = \pm \boldsymbol{y} / \|\boldsymbol{y}\|$ 时，即对某个 $\alpha \in \mathbb{R}$ 有 $\boldsymbol{x} = \alpha \boldsymbol{y}$ 时，等号成立。

向量 $\boldsymbol{x}$ 的欧几里得范数$\|\boldsymbol{x}\|$具有如下性质。

（1）非负性：$\|\boldsymbol{x}\| \geqslant 0$，当且仅当 $\boldsymbol{x} = \boldsymbol{0}$ 时，$\|\boldsymbol{x}\| = 0$。

（2）齐次性：$\|r\boldsymbol{x}\| = |r|\|\boldsymbol{x}\|$，$r \in \mathbb{R}$。

（3）三角不等式：$\|\boldsymbol{x} + \boldsymbol{y}\| \leqslant \|\boldsymbol{x}\| + \|\boldsymbol{y}\|$。

三角不等式可以利用柯西-施瓦茨不等式来证明。已知

$$\|\boldsymbol{x} + \boldsymbol{y}\|^2 = \|\boldsymbol{x}\|^2 + 2\langle \boldsymbol{x}, \boldsymbol{y} \rangle + \|\boldsymbol{y}\|^2 \tag{2.22}$$

根据柯西-施瓦茨不等式，可得

$$\begin{aligned} \|\boldsymbol{x} + \boldsymbol{y}\|^2 &\leqslant \|\boldsymbol{x}\|^2 + 2\|\boldsymbol{x}\|\|\boldsymbol{y}\| + \|\boldsymbol{y}\|^2 \\ &= (\|\boldsymbol{x}\| + \|\boldsymbol{y}\|)^2 \end{aligned} \tag{2.23}$$

因此有

$$\|\boldsymbol{x} + \boldsymbol{y}\| \leqslant \|\boldsymbol{x}\| + \|\boldsymbol{y}\| \tag{2.24}$$

可以看出，如果 $\boldsymbol{x}$ 和 $\boldsymbol{y}$ 是正交的，即$\langle \boldsymbol{x}, \boldsymbol{y} \rangle = 0$，则有

$$\|\boldsymbol{x} + \boldsymbol{y}\|^2 \leqslant \|\boldsymbol{x}\|^2 + \|\boldsymbol{y}\|^2 \tag{2.25}$$

这是$\mathbb{R}^n$中的毕达哥拉斯定理。

对于复数空间$\mathbb{C}^n$，内积$\langle \boldsymbol{x}, \boldsymbol{y} \rangle$定义为$\sum_{i=1}^{n} x_i \overline{y}_i$，其中上画线表示共轭。$\mathbb{C}^n$中的内积是一个

复值函数，具有如下性质。

（1）$\langle \boldsymbol{x},\boldsymbol{x}\rangle \geqslant 0$，当且仅当 $\boldsymbol{x}=\boldsymbol{0}$ 时，$\|\boldsymbol{x}\|=0$。

（2）$\langle \boldsymbol{x},\boldsymbol{y}\rangle = \overline{\langle \boldsymbol{y},\boldsymbol{x}\rangle}$。

（3）$\langle \boldsymbol{x}+\boldsymbol{y},\boldsymbol{z}\rangle = \langle \boldsymbol{x},\boldsymbol{z}\rangle + \langle \boldsymbol{y},\boldsymbol{z}\rangle$。

（4）$\langle r\boldsymbol{x},\boldsymbol{y}\rangle = r\langle \boldsymbol{x},\boldsymbol{y}\rangle$，其中 $r\in\mathbb{R}$。

利用上述 4 个性质，可以推导出其他一些性质。例如：

$$\langle \boldsymbol{x}, r_1\boldsymbol{y}+r_2\boldsymbol{z}\rangle = \overline{r_1}\langle \boldsymbol{x},\boldsymbol{y}\rangle + \overline{r_2}\langle \boldsymbol{x},\boldsymbol{z}\rangle \tag{2.26}$$

其中，$r_1,r_2\in\mathbb{C}^n$，向量范数可以类似地定义为 $\|\boldsymbol{x}\|^2=\langle \boldsymbol{x},\boldsymbol{x}\rangle$。关于复数空间中范数的更多信息，读者可参阅 Gel'fand 的著作。

2.2 凸集与凸函数

凸集（Convex Set）和凸函数是线性规划与非线性规划都要涉及的基本概念。关于凸集和凸函数的一些定理在最优化问题的理论证明和算法研究中具有重要作用。本书对凸集和凸函数只进行一般性介绍。

2.2.1 凸集

在凸几何中，凸集是在凸组合下闭合的仿射空间的子集。更具体地说，在欧几里得空间中，凸集是指对于集合内的每对点，连接该对点的直线段上的每个点也都在该集合内。设 S 为 n 维欧几里得空间 $\mathbb{R}^n$ 中的一个集合，若对 S 中的任意两点，连接它们的直线段仍属于 S，换言之，对于 S 中任意两点 $\boldsymbol{x}^{(1)}$ 和 $\boldsymbol{x}^{(2)}$ 与每个实数 $\lambda\in(0,1)$，都有

$$\lambda\boldsymbol{x}^{(1)}+(1-\lambda)\boldsymbol{x}^{(2)}\in S \tag{2.27}$$

则称 S 为**凸集**。

$\lambda\boldsymbol{x}^{(1)}+(1-\lambda)\boldsymbol{x}^{(2)}$ 称为 $\boldsymbol{x}^{(1)}$ 和 $\boldsymbol{x}^{(2)}$ 的凸组合。图 2.1（a）所示为凸集，图 2.1（b）所示为非凸集。

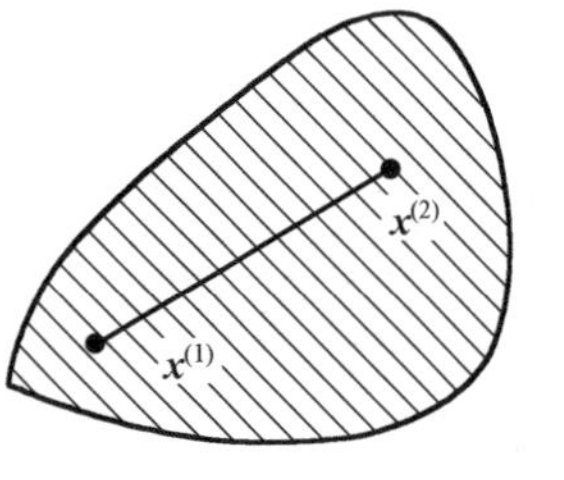

（a）凸集

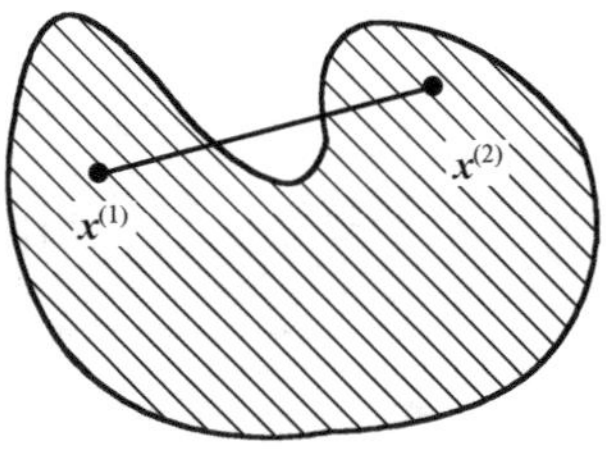

（b）非凸集

图 2.1 凸集和非凸集的几何示意图

在凸集中，比较重要的特殊情形有凸锥和多面集。

设有集合 $C\in\mathbb{R}^n$，若对 C 中的每个点 $\boldsymbol{x}$，当 λ 取任何非负数时，都有 $\lambda\boldsymbol{x}\in C$，则称 C 为**锥**，如果 C 为凸集，则称 C 为**凸锥**。

有限个半空间的交 $\{\boldsymbol{x}|\boldsymbol{A}\boldsymbol{x}\leqslant\boldsymbol{b}\}$ 称为**多面集**，其中，$\boldsymbol{A}$ 为 $m\times n$ 矩阵，$\boldsymbol{b}$ 为 m 维向量。

设 S 为非空凸集，$\boldsymbol{x}\in S$，若不将 $\boldsymbol{x}$ 表示成 S 中两个不同点的严格凸组合，换言之，若假设 $\boldsymbol{x}=\lambda\boldsymbol{x}^{(1)}+(1-\lambda)\boldsymbol{x}^{(2)}$（$\lambda\in(0,1)$），$\boldsymbol{x}^{(1)},\boldsymbol{x}^{(2)}\in S$，必推得 $\boldsymbol{x}=\boldsymbol{x}^{(1)}=\boldsymbol{x}^{(2)}$，则称 $\boldsymbol{x}$ 是凸集 S 的**极点**。

按此定义，在如图 2.2 所示的极点分布图中，图 2.2（a）中多边形的顶点 $\boldsymbol{x}^{(1)}\sim\boldsymbol{x}^{(5)}$是极点，而 $\boldsymbol{x}^{(6)}$和 $\boldsymbol{x}^{(7)}$不是极点；图 2.2（b）中圆周上的点均为极点。

由图 2.2 可以看出，在给定的两个凸集中，任何一点都能表示成极点的凸组合。这个论断对于紧凸集总是正确的，但对于无界集并不成立。为了处理无界集，需要引入极方向的概念。

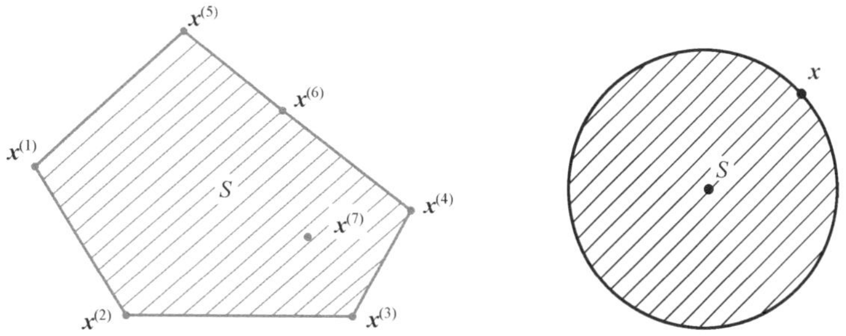

（a）多边形极点分布图　　　　（b）圆周极点分布图

图 2.2　极点分布图

设 S 为$\mathbb{R}^n$中的闭凸集，$\boldsymbol{d}$ 为非零向量，如果对 S 中的每个 $\boldsymbol{x}$，都有射线 $\{\boldsymbol{x}+\lambda\boldsymbol{d}\mid\lambda\geqslant 0\}\subset S$，则称向量 $\boldsymbol{d}$ 为 S 的**方向**。又设 $\boldsymbol{d}^{(1)}$和 $\boldsymbol{d}^{(2)}$是 S 的两个方向，若对任何正数 λ，有 $\boldsymbol{d}^{(1)}\neq\boldsymbol{d}^{(2)}$，则称 $\boldsymbol{d}^{(1)}$和 $\boldsymbol{d}^{(2)}$是两个不同的方向。若 S 的方向 $\boldsymbol{d}$ 不能表示成该集合的两个不同方向的正的线性组合，则称 $\boldsymbol{d}$ 为 S 的**极方向**。

显然，有界集不存在方向，因而也不存在极方向，只有无界集才有方向的概念。

2.2.2　凸集分离定理

凸集的一个重要性质是分离定理。在最优化理论中，有些重要结论可用凸集分离定理来证明。

所谓集合的分离，就是指对于两个集合 S_1 和 S_2，存在一个超平面 H，使 S_1 在 H 的一边，S_2 在 H 的另一边。如果超平面的方程为 $\boldsymbol{p}^{\mathrm{T}}\boldsymbol{x}=\alpha$，则对位于 H 的某一边的点 $\boldsymbol{x}$，必有 $\boldsymbol{p}^{\mathrm{T}}\boldsymbol{x}\geqslant\alpha$；而对位于 H 的另一边的点 $\boldsymbol{x}$，必有 $\boldsymbol{p}^{\mathrm{T}}\boldsymbol{x}\leqslant\alpha$。

设 S_1 和 S_2 是$\mathbb{R}^n$中的两个非空集合，$H=\{\boldsymbol{x}\mid\boldsymbol{p}^{\mathrm{T}}\boldsymbol{x}=\alpha\}$为超平面。如果对每个 $\boldsymbol{x}\in S_1$，都有 $\boldsymbol{p}^{\mathrm{T}}\boldsymbol{x}\geqslant\alpha$，并且对于每个 $\boldsymbol{x}\in S_2$，都有 $\boldsymbol{p}^{\mathrm{T}}\boldsymbol{x}\leqslant\alpha$（或情形恰好相反），则称**超平面 $\boldsymbol{H}$ 分离集合 $\boldsymbol{S_1}$ 和 $\boldsymbol{S_2}$**。

凸集分离定理有 3 个重要应用，即 Farkas 引理、Gordan 定理和择一性定理。Farkas 引理是最优化理论与方法中重要的基石定理。

（1）Farkas 引理。设 $\boldsymbol{A}\in\mathbb{R}^{n\times m}$，$\boldsymbol{b}\in\mathbb{R}^n$，则下列两组关系式中有且仅有一组有解：

$$
\begin{aligned}
&\boldsymbol{A}\boldsymbol{x}\leqslant 0,\ \boldsymbol{b}^{\mathrm{T}}\boldsymbol{x}\geqslant 0 \quad (1)\\
&\boldsymbol{A}^{\mathrm{T}}\boldsymbol{y}=\boldsymbol{b},\ \boldsymbol{y}\geqslant 0 \quad (2)
\end{aligned}
\tag{2.28}
$$

利用 Farkas 引理可推导 Gordan 定理和择一性定理。

（2）Gordan 定理。设 $\boldsymbol{A}\in\mathbb{R}^{n\times m}$，则下列两组关系式中有且仅有一组有解：

$$\begin{aligned}&\boldsymbol{A}\boldsymbol{x}<0 &&(1)\\&\boldsymbol{A}^{\mathrm{T}}\boldsymbol{y}=0,\ \boldsymbol{y}\geqslant\boldsymbol{0},\ \boldsymbol{y}\neq\boldsymbol{0} &&(2)\end{aligned}\tag{2.29}$$

（3）择一性定理。设 $\boldsymbol{A}\in\mathbb{R}^{n\times m}$，$\boldsymbol{B}\in\mathbb{R}^{p\times m}$，则下列关系式无解：

$$\boldsymbol{A}\boldsymbol{x}<0,\ \boldsymbol{B}\boldsymbol{x}=0\tag{2.30}$$

当且仅当存在 $\boldsymbol{u}\in\mathbb{R}^{m}$，$\boldsymbol{u}\geqslant 0$ 和 $\boldsymbol{v}\in\mathbb{R}^{p}$ 时，满足

$$\boldsymbol{A}^{\mathrm{T}}\boldsymbol{u}=0,\ \boldsymbol{B}^{\mathrm{T}}\boldsymbol{v}=0\tag{2.31}$$

为给后面证明凸集分离定理做准备，下面先给出闭凸集的一个定理。

定理 2.2 设 S_1 为 $\mathbb{R}^n$ 中的闭凸集，$\boldsymbol{y}\notin S$，则存在唯一的点 $\bar{\boldsymbol{x}}\in S$，使得

$$\|\boldsymbol{y}-\bar{\boldsymbol{x}}\|=\inf_{x\in S}\|\boldsymbol{y}-\boldsymbol{x}\|\tag{2.32}$$

证明：令 $\inf\limits_{x\in S}\|\boldsymbol{y}-\boldsymbol{x}\|=r>0$，由下确界的定义可知，存在序列 $\{\boldsymbol{x}^{(k)}\}$（$\boldsymbol{x}^{(k)}\in S$），使得 $\|\boldsymbol{y}-\boldsymbol{x}^{(k)}\|\to r$。

首先证明 $\{\boldsymbol{x}^{(k)}\}$ 存在极限 $\bar{\boldsymbol{x}}\in S$。为此，只需证明 $\{\boldsymbol{x}^{(k)}\}$ 为 Cauchy 序列（柯西序列），根据平行四边形定律（对角线的平方和等于一组邻边平方和的 2 倍），有

$$\begin{aligned}\|\boldsymbol{x}^{(k)}-\boldsymbol{x}^{(m)}\|^2&=2\|\boldsymbol{x}^{(k)}-\boldsymbol{y}\|^2+2\|\boldsymbol{x}^{(m)}-\boldsymbol{y}\|^2-4\left\|\frac{\boldsymbol{x}^{(k)}+\boldsymbol{x}^{(m)}}{2}-\boldsymbol{y}\right\|^2\\&\leqslant 2\|\boldsymbol{x}^{(k)}-\boldsymbol{y}\|^2+2\|\boldsymbol{x}^{(m)}-\boldsymbol{y}\|^2-4r^2\end{aligned}\tag{2.33}$$

由此可知，当 k 和 m 充分大时，$\left\|\boldsymbol{x}^{(k)}-\boldsymbol{x}^{(m)}\right\|$ 充分接近零。因此，$\{\boldsymbol{x}^{(k)}\}$ 为 Cauchy 序列，必存在极限 $\bar{\boldsymbol{x}}$，又因为 S 为闭集，所以 $\bar{\boldsymbol{x}}\in S$。

然后证明唯一性。设存在 $\hat{\boldsymbol{x}}\in S$，使

$$|\boldsymbol{y}-\bar{\boldsymbol{x}}\|=\|\boldsymbol{y}-\hat{\boldsymbol{x}}\|=r\tag{2.34}$$

由于 S 为凸集，$\bar{\boldsymbol{x}},\hat{\boldsymbol{x}}\in S$，因此 $(\bar{\boldsymbol{x}}+\hat{\boldsymbol{x}})/2\in S$，根据柯西-施瓦茨不等式，得

$$\|\boldsymbol{y}-(\bar{\boldsymbol{x}}+\hat{\boldsymbol{x}})/2\|\leqslant\frac{1}{2}\|\boldsymbol{y}-\bar{\boldsymbol{x}}\|+\frac{1}{2}\|\boldsymbol{y}-\hat{\boldsymbol{x}}\|=r\tag{2.35}$$

由 r 的定义和式（2.35）可知

$$\left\|\boldsymbol{y}-(\bar{\boldsymbol{x}}+\hat{\boldsymbol{x}})/2\right\|=\frac{1}{2}\|\boldsymbol{y}-\bar{\boldsymbol{x}}\|+\frac{1}{2}\|\boldsymbol{y}-\hat{\boldsymbol{x}}\|\tag{2.36}$$

表明

$$\boldsymbol{y}-\bar{\boldsymbol{x}}=\lambda(\boldsymbol{y}-\hat{\boldsymbol{x}})\tag{2.37}$$

因此有

$$\|\boldsymbol{y}-\bar{\boldsymbol{x}}\|=|\lambda|\left\|(\boldsymbol{y}-\hat{\boldsymbol{x}})\right\|\tag{2.38}$$

考虑到式（2.34），可知 $|\lambda|=1$，若 $\lambda=-1$，则由式（2.37）可推出 $\boldsymbol{y}\in S$，与假设矛盾，

因此，$\lambda \neq -1$，即 $\lambda = 1$，从而由式（2.37）得到 $\bar{\boldsymbol{x}} = \hat{\boldsymbol{x}}$。

下面利用定理 2.2 证明点与凸集分离定理。为此，首先给出点与闭凸集分离的一种表达式。

设 S 是闭凸集，$\boldsymbol{y} \notin S$，$H = \{\boldsymbol{x} \mid \boldsymbol{p}^{\mathrm{T}}\boldsymbol{x} = \alpha\}$ 为超平面。H 分离点 $\boldsymbol{y}$ 与集合 S 意味着，若 $\boldsymbol{p}^{\mathrm{T}}\boldsymbol{y} > \alpha$，则 $\boldsymbol{p}^{\mathrm{T}}\boldsymbol{x} \leqslant \alpha$，$\forall \boldsymbol{x} \in S$。令 $\boldsymbol{p}^{\mathrm{T}}\boldsymbol{y} - \alpha = \varepsilon$，则 $\boldsymbol{y}$ 与 S 的分离可表示为

$$\boldsymbol{p}^{\mathrm{T}}\boldsymbol{y} \geqslant \varepsilon + \boldsymbol{p}^{\mathrm{T}}\boldsymbol{x}, \quad \forall \boldsymbol{x} \in S \tag{2.39}$$

2.2.3　凸函数

凸函数是数学函数的一类特征。凸函数是定义在某个向量空间的凸子集上的实值函数。设 S 为 $\mathbb{R}^n$ 中的非空凸集，f 为定义在 S 上的实函数。如果对任意的 $\boldsymbol{x}^{(1)}, \boldsymbol{x}^{(2)} \in S$ 和每个 $\lambda \in (0,1)$ 都有

$$f(\lambda\boldsymbol{x}^{(1)} + (1-\lambda)\boldsymbol{x}^{(2)}) \leqslant \lambda f(\boldsymbol{x}^{(1)}) + (1-\lambda) f(\boldsymbol{x}^{(2)}) \tag{2.40}$$

则称 f 为 S 上的**凸函数**。

如果对任意互不相同的 $\boldsymbol{x}^{(1)}, \boldsymbol{x}^{(2)} \in S$ 和每个 $\lambda \in (0,1)$ 都有

$$f(\lambda\boldsymbol{x}^{(1)} + (1-\lambda)\boldsymbol{x}^{(2)}) < \lambda f(\boldsymbol{x}^{(1)}) + (1-\lambda) f(\boldsymbol{x}^{(2)}) \tag{2.41}$$

则称 f 为 S 上的**严格凸函数**。

如果 $-f$ 为 S 上的凸函数，则称 f 为 S 上的**凹函数**。

凸函数和凹函数的几何解释如图 2.3 所示。设 $\boldsymbol{x}^{(1)}$ 和 $\boldsymbol{x}^{(2)}$ 是凸集上任意两点，$\lambda\boldsymbol{x}^{(1)} + (1-\lambda)\boldsymbol{x}^{(2)}$ 是这两点的连线上的一点，则 $\lambda\boldsymbol{x}^{(1)} + (1-\lambda)\boldsymbol{x}^{(2)}$ 处的函数值 $f(\lambda\boldsymbol{x}^{(1)} + (1-\lambda)\boldsymbol{x}^{(2)})$ 不大于 $f(\boldsymbol{x}^{(1)})$ 和 $f(\boldsymbol{x}^{(2)})$ 的加权平均值 $\lambda f(\boldsymbol{x}^{(1)}) + (1-\lambda) f(\boldsymbol{x}^{(2)})$。用几何语言描述，即连接函数曲线上任意两点的弦不在曲线的下方，如图 2.3（a）所示。图 2.3（b）所示为凹函数。

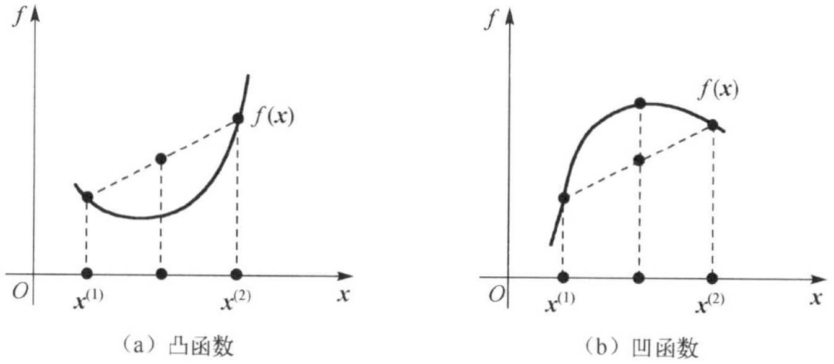

图 2.3　凸函数和凹函数的几何解释

2.2.4　凸函数的判别

利用凸函数的定义和有关性质可以判别一个函数是否为凸函数，但有时计算比较复杂，使用很不方便，因此，需要进一步研究凸函数的判别定理。

定理 2.3　设 S 是 $\mathbb{R}^n$ 中的非空开凸集，$f(\boldsymbol{x})$ 是定义在 S 上的可微函数，则 $f(\boldsymbol{x})$ 为凸函数的充要条件是对任意两点 $\boldsymbol{x}^{(1)}, \boldsymbol{x}^{(2)} \in S$，有

$$f(\boldsymbol{x}^{(2)}) \geqslant f(\boldsymbol{x}^{(1)}) + \nabla f(\boldsymbol{x}^{(1)})^{\mathrm{T}}(\boldsymbol{x}^{(2)} - \boldsymbol{x}^{(1)}) \tag{2.42}$$

而$f(\boldsymbol{x})$为严格凸函数的充要条件是对任意的互不相同的两点$\boldsymbol{x}^{(1)},\boldsymbol{x}^{(2)}\in S$，有

$$f(\boldsymbol{x}^{(2)})>f(\boldsymbol{x}^{(1)})+\nabla f(\boldsymbol{x}^{(1)})^{\mathrm{T}}(\boldsymbol{x}^{(2)}-\boldsymbol{x}^{(1)}) \tag{2.43}$$

此定理给出了可微函数为凸函数的一次充要条件，具有明显的几何意义，如图 2.4 所示。

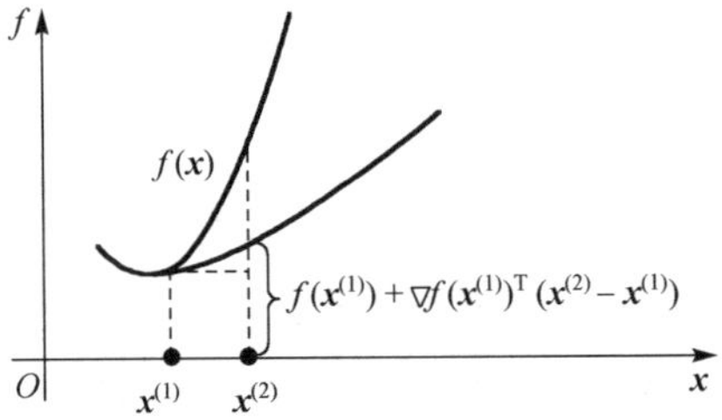

图 2.4　可微函数为凸函数的一次充要条件的几何示意图

定理 2.4　设S是$\mathbb{R}^n$中的非空开凸集，$f(\boldsymbol{x})$是定义在S上的二次可微函数，则$f(\boldsymbol{x})$为凸函数的充要条件是在每点$\boldsymbol{x}\in S$处，Hessian 矩阵半正定。此定理是判别凸函数的二次充要条件。

定理 2.5　设S是$\mathbb{R}^n$中的非空开凸集，$f(\boldsymbol{x})$是定义在S上的二次可微函数，如果在每点$\boldsymbol{x}\in S$处，Hessian 矩阵正定，则$f(\boldsymbol{x})$为严格凸函数。此定理是严格凸函数的判别条件。

利用定理 2.3～定理 2.5 容易判别一个可微函数是否为凸函数，特别是对于二次函数，用上述定理进行判别是很方便的。

2.2.5　凸规划

凸规划是指若最优化问题的目标函数为凸函数，不等式约束函数也为凸函数，则等式约束函数是仿射的。凸规划的可行域为凸集，因而凸规划的局部最优解是它的全局最优解。当凸规划的目标函数为严格凸函数时，若存在最优解，则这个最优解一定是唯一的最优解。下面考虑式（2.44）所描述的极小化问题：

$$\begin{aligned}&\min f(\boldsymbol{x})\\ &\text{s.t. } g_i(\boldsymbol{x})\geqslant 0,\quad i=1,2,\cdots,m\\ &\qquad h_j(\boldsymbol{x})=0,\quad j=1,2,\cdots,l\end{aligned} \tag{2.44}$$

设$f(\boldsymbol{x})$是凸函数，$g_i(\boldsymbol{x})$是凹函数，$h_i(\boldsymbol{x})$是线性函数，则该最优化问题的可行域为

$$S=\{\boldsymbol{x}\mid g_i(\boldsymbol{x})\geqslant 0,\ i=1,2,\cdots,m;\ h_j(\boldsymbol{x})=0,\ j=1,2,\cdots,l\} \tag{2.45}$$

由于$g_i(\boldsymbol{x})$是凹函数，因此满足$g_i(\boldsymbol{x})\geqslant 0$，即满足$-g_i(\boldsymbol{x})\leqslant 0$的点的集合是凸集，根据凸函数和凹函数的定义，线性函数$h_i(\boldsymbol{x})$既是凸函数又是凹函数，因此，满足$h_i(\boldsymbol{x})=0$的点的集合也是凸集。S是$m+l$个凸集的交，因此，它也是凸集。这样，上述问题是求凸函数在凸集上的极小点，这类问题称为**凸规划**。

1．凸规划问题的基本性质

（1）凸规划问题的任意一个局部极小点是全局极小点，且全体极小点的集合为凸集。

（2）若$f(\boldsymbol{x})$是凸集$D\in\mathbb{R}^n$上的严格凸函数，且凸规划问题$\min_{\boldsymbol{x}\in D}f(\boldsymbol{x})$的局部极小点$\boldsymbol{x}^*$存在，则$\boldsymbol{x}^*$是唯一的全局极小点。

2．最优性条件

设凸规划问题中的目标函数$f(\boldsymbol{x})$是可微的，记其可行域为D：

$$D=\{\boldsymbol{x}\mid g_i(\boldsymbol{x})\leqslant 0,\ i=1,2,\cdots,m,\ \boldsymbol{a}_j^{\mathrm{T}}\boldsymbol{x}=b_{ij},\ j=1,2,\cdots,p\} \tag{2.46}$$

则$\boldsymbol{x}^*\in D$是最优点的充要条件是对任意$\boldsymbol{y}^*\in D$，都有

$$\nabla f(\boldsymbol{x}^*)(\boldsymbol{y}-\boldsymbol{x}^*)\geqslant 0 \tag{2.47}$$

2.3　微积分基础

2.3.1　序列与极限

实数序列是一个函数，它的定义域是由自然数 1,2,⋯,k,⋯组成的集合，值域是$\mathbb{R}$。因此，实数序列可以写成集合$\{x_1,x_2,\cdots,x_k,\cdots\}$，常记为$\{x_k\}$（有时也记为$\{x_k\}_{k=1}^{\infty}$，以明确$k$的取值范围）。

如果$x_1<x_2<\cdots<x_k\cdots$，那么序列$\{x_k\}$是递增的，即对于所有的k，都有$x_k<x_{k+1}$。如果$x_k\leqslant x_{k+1}$，则称该序列是非减序列。类似地，可以定义递减序列和非增序列。非增序列和非减序列称为单调序列。

如果对于任意正数ε，存在一个数K（可能与ε有关），使得对于所有的$k>K$，都有$|x^k-x^*|<\varepsilon$，即对于所有$k>K$，x_k都在$x^*-\varepsilon$和$x^*+\varepsilon$之间，则称$x^*\in\mathbb{R}$为序列$\{x_k\}$的极限，记为

$$x^*=\lim_{k\to\infty}x_k \tag{2.48}$$

或

$$x_k\to x^* \tag{2.49}$$

如果一个序列存在极限，那么该序列称为收敛序列。

实数序列的定义可以扩展至$\mathbb{R}^n$，即序列是由n维实数向量组成的。具体来说，$\mathbb{R}^n$中的序列是一个定义域为自然数 1,2,⋯,k,⋯，值域为$\mathbb{R}^n$的函数。$\mathbb{R}^n$中的序列记为$\{\boldsymbol{x}^{(1)},\boldsymbol{x}^{(2)},\cdots\}$或$\{\boldsymbol{x}^{(k)}\}$。对于$\mathbb{R}^n$中的序列极限，可以用向量范数代替绝对值，即如果对于任意正数ε，存在一个数K（可能依赖ε），使得对于所有的$k>K$，都有$\|\boldsymbol{x}^{(k)}-\boldsymbol{x}^*\|<\varepsilon$，则称$\boldsymbol{x}^*$为序列$\{\boldsymbol{x}^{(k)}\}$的极限，记为$\boldsymbol{x}^*=\lim\limits_{k\to\infty}\boldsymbol{x}^{(k)}$或$\boldsymbol{x}^{(k)}\to\boldsymbol{x}^*$。

给定函数$f:\mathbb{R}^n\to\mathbb{R}^m$和点$\boldsymbol{x}_0\in\mathbb{R}^n$。假定存在$f^*$，使得对于任意极限为$\boldsymbol{x}_0$的收敛序列$\{\boldsymbol{x}^{(k)}\}$，都有

$$\lim_{k\to\infty}f(\boldsymbol{x}^{(k)})=f^* \tag{2.50}$$

其中，极限f^*可用$\lim\limits_{\boldsymbol{x}\to\boldsymbol{x}_0}f(\boldsymbol{x})$表示。

可以证明，f在$\boldsymbol{x}_0$处连续，当且仅当对于任意极限为$\boldsymbol{x}_0$的收敛序列$\{\boldsymbol{x}^{(k)}\}$，满足

$$\lim_{k\to\infty}f(\boldsymbol{x}^{(k)})=f(\lim_{k\to\infty}\boldsymbol{x}^{(k)})=f(\boldsymbol{x}_0) \tag{2.51}$$

因此，可得函数f在$\boldsymbol{x}_0$处是连续的，当且仅当$\lim\limits_{\boldsymbol{x}\to\boldsymbol{x}_0}f(\boldsymbol{x})=f(\boldsymbol{x}_0)$。

2.3.2 可微性

微积分的基本理念是利用仿射函数对函数进行近似。如果存在线性函数$\mathcal{L}:\mathbb{R}^n\to\mathbb{R}^m$和向量$\boldsymbol{y}\in\mathbb{R}^m$，使得对于任意$\boldsymbol{x}\in\mathbb{R}^n$，都有$\mathcal{A}(\boldsymbol{x})=\mathcal{L}(\boldsymbol{x})+\boldsymbol{y}$，那么称函数$\mathcal{A}:\mathbb{R}^n\to\mathbb{R}^m$是一个仿射函数。给定函数$f:\mathbb{R}^n\to\mathbb{R}^m$和点$\boldsymbol{x}\in\mathbb{R}^n$，希望找到一个仿射函数$\mathcal{A}$，使其在点$\boldsymbol{x}_0$附近能够近似函数$f$。

首先，仿射函数应该满足$\mathcal{A}(\boldsymbol{x}_0)=f(\boldsymbol{x}_0)$。由$\mathcal{A}(\boldsymbol{x})=\mathcal{L}(\boldsymbol{x})+\boldsymbol{y}$可得$\boldsymbol{y}=f(\boldsymbol{x}_0)-\mathcal{L}(\boldsymbol{x}_0)$。对$\mathcal{L}$进行线性化，得到$\mathcal{L}(\boldsymbol{x})+\boldsymbol{y}=\mathcal{L}(\boldsymbol{x})-\mathcal{L}(\boldsymbol{x}_0)+f(\boldsymbol{x}_0)=\mathcal{L}(\boldsymbol{x}-\boldsymbol{x}_0)+f(\boldsymbol{x}_0)$，因此，仿射函数可以写为$\mathcal{A}(\boldsymbol{x})=\mathcal{L}(\boldsymbol{x}-\boldsymbol{x}_0)+f(\boldsymbol{x}_0)$。

然后，要求相对于$\boldsymbol{x}$接近$\boldsymbol{x}_0$的速度，$\mathcal{A}(\boldsymbol{x})$接近$f(\boldsymbol{x})$的速度应该更快，即

$$\lim_{\boldsymbol{x}\to\boldsymbol{x}_0,\ \boldsymbol{x}\in\Omega}\frac{\|f(\boldsymbol{x})-\mathcal{A}(\boldsymbol{x})\|}{\|\boldsymbol{x}-\boldsymbol{x}_0\|}=0 \tag{2.52}$$

以上条件可以保证$\mathcal{A}$在$\boldsymbol{x}_0$附近实现对f的近似，即保证在某个给定点上的近似误差是相对于该点与$\boldsymbol{x}_0$之间的距离的一个无穷小量。

给定函数$f:\Omega\to\mathbb{R}^m$，$\Omega\to\mathbb{R}^n$，如果存在一个仿射函数，能够在点$\boldsymbol{x}_0$附近近似函数f，那么称函数f在点$\boldsymbol{x}_0\in\Omega$处是可微的，即存在线性函数$\mathcal{L}:\mathbb{R}^n\to\mathbb{R}^m$，使得

$$\lim_{\boldsymbol{x}\to\boldsymbol{x}_0,\ \boldsymbol{x}\in\Omega}\frac{\|f(\boldsymbol{x})-(\mathcal{L}(\boldsymbol{x}-\boldsymbol{x}_0)+f(\boldsymbol{x}_0))\|}{\|\boldsymbol{x}-\boldsymbol{x}_0\|}=0 \tag{2.53}$$

在式（2.53）中，线性函数$\mathcal{L}$可由函数f和点$\boldsymbol{x}_0$唯一确定，称之为函数f在点$\boldsymbol{x}_0$处的导数。如果函数f在定义域Ω上处处可微，那么称函数f在定义域Ω上是可微的。

在$\mathbb{R}$中，仿射函数可写为$ax+b$的形式，其中，a, $b\in\mathbb{R}$。因此，对于一个自变量x为实数的实值函数$f(x)$，如果它在点x_0处可微，那么在点x_0附近，其函数值可以用函数$\mathcal{A}(x)=ax+b$来近似。

由$f(x_0)=\mathcal{A}(x_0)=ax_0+b$可得

$$\mathcal{A}(x)=ax+b=a(x-x_0)+f(x_0) \tag{2.54}$$

对于$\mathcal{A}(x)$的线性部分，前面记为$\mathcal{L}(x)$，此处即ax。若实数的范数定义为其绝对值，则根据可微的定义，有

$$\lim_{x\to x_0}\frac{|f(x)-(a(x-x_0)+f(x_0))|}{|x-x_0|}=0 \tag{2.55}$$

等价于

$$\lim_{x\to x_0}\frac{|f(x)-f(x_0)|}{|x-x_0|}=0 \tag{2.56}$$

a一般记为$f'(x_0)$，称为f在点x_0处的导数。因此，仿射函数可以表示为

$$\mathcal{A}(x)=f(x_0)+f'(x_0)(x-x_0) \tag{2.57}$$

它是f在点x_0处的切线，如图2.5所示。

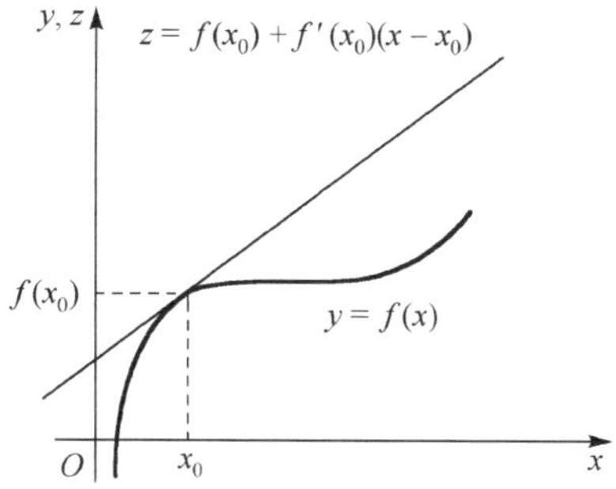

图 2.5　导数的示意图

2.3.3　导数矩阵

对于任意的从$\mathbb{R}^n$到$\mathbb{R}^m$的线性变换，特别是$f: \mathbb{R}^n \to \mathbb{R}^m$的导数$\mathcal{L}$，都可以表示为一个 $m \times n$ 矩阵。为了确定可微函数$f:\mathbb{R}^n \to \mathbb{R}^m$的导数$\mathcal{L}$对应的矩阵 $\boldsymbol{L}$，引入$\mathbb{R}^n$空间的标准基$[\boldsymbol{e}_1,\boldsymbol{e}_2,\cdots,\boldsymbol{e}_n]$。考虑向量：

$$\boldsymbol{x}_j = \boldsymbol{x}_0 + t\boldsymbol{e}_j,\ \ j = 1,2,\cdots,n \tag{2.58}$$

根据导数的定义，有

$$\lim_{t\to 0}\frac{f(\boldsymbol{x}_j)-(t\mathrm{Le}_j + f(\boldsymbol{x}_0))}{t} = 0 \tag{2.59}$$

这意味着，对于j=1,2,⋯,n，有

$$\lim_{t\to 0}\frac{f(\boldsymbol{x}_j)-f(\boldsymbol{x}_0)}{t} = \mathrm{Le}_j \tag{2.60}$$

其中，Le_j是矩阵 $\boldsymbol{L}$ 的第j列。向量$\boldsymbol{x}_j$与$\boldsymbol{x}_0$仅在第j个元素上存在差异，差值为t。因此，式（2.60）的左边等于偏导数$\dfrac{\partial f}{\partial x_j}(\boldsymbol{x}_0)$。此时，可以通过向量中每个元素求极限的方式来计算向量极限，因此，如果有

$$f(\boldsymbol{x}) = \begin{bmatrix} f_1(\boldsymbol{x}) \\ f_2(\boldsymbol{x}) \\ \vdots \\ f_m(\boldsymbol{x}) \end{bmatrix} \tag{2.61}$$

就有

$$\frac{\partial f}{\partial x_j}(\boldsymbol{x}_0) = \begin{bmatrix} \dfrac{\partial f_1}{\partial x_j}(\boldsymbol{x}_0) \\ \dfrac{\partial f_2}{\partial x_j}(\boldsymbol{x}_0) \\ \vdots \\ \dfrac{\partial f_m}{\partial x_j}(\boldsymbol{x}_0) \end{bmatrix} \tag{2.62}$$

此时，矩阵 $\boldsymbol{L}$ 可以写为

$$\left[\frac{\partial f}{\partial x_1}(\boldsymbol{x}_0)\quad \frac{\partial f}{\partial x_2}(\boldsymbol{x}_0)\quad \cdots\quad \frac{\partial f}{\partial x_n}(\boldsymbol{x}_0)\right]=\begin{bmatrix}\frac{\partial f_1}{\partial x_1}(\boldsymbol{x}_0) & \frac{\partial f_1}{\partial x_2}(\boldsymbol{x}_0) & \cdots & \frac{\partial f_1}{\partial x_n}(\boldsymbol{x}_0)\\ \frac{\partial f_2}{\partial x_1}(\boldsymbol{x}_0) & \frac{\partial f_2}{\partial x_2}(\boldsymbol{x}_0) & \cdots & \frac{\partial f_2}{\partial x_n}(\boldsymbol{x}_0)\\ \vdots & \vdots & & \vdots\\ \frac{\partial f_m}{\partial x_1}(\boldsymbol{x}_0) & \frac{\partial f_m}{\partial x_2}(\boldsymbol{x}_0) & \cdots & \frac{\partial f_m}{\partial x_n}(\boldsymbol{x}_0)\end{bmatrix} \tag{2.63}$$

矩阵 $\boldsymbol{L}$ 称为函数 f 在点 $\boldsymbol{x}_0$ 处的雅可比矩阵或导数矩阵，记为 $\boldsymbol{D}f(\boldsymbol{x}_0)$。为方便起见，常用 $\boldsymbol{D}f(\boldsymbol{x}_0)$表示 f 在点 $\boldsymbol{x}_0$ 处的导数。根据以上讨论，可以总结出以下定理。

定理 2.6 如果函数 $f:\mathbb{R}^n\to\mathbb{R}^m$ 在点 $\boldsymbol{x}_0$ 处是可微的，那么函数 f 在点 $\boldsymbol{x}_0$ 处的导数可以唯一确定，并表示为 $m\times n$ 的导数矩阵 $\boldsymbol{D}f(\boldsymbol{x}_0)$。能够在点 $\boldsymbol{x}_0$ 附近对函数 f 进行最佳近似的仿射函数为

$$\mathcal{A}(\boldsymbol{x})=f(\boldsymbol{x}_0)+\boldsymbol{D}f(\boldsymbol{x}_0)(\boldsymbol{x}-\boldsymbol{x}_0) \tag{2.64}$$

即

$$f(\boldsymbol{x})=\mathcal{A}(\boldsymbol{x})+\boldsymbol{r}f(\boldsymbol{x}) \tag{2.65}$$

且 $\lim\limits_{\boldsymbol{x}\to\boldsymbol{x}_0}(\|r(\boldsymbol{x})\|/\|\boldsymbol{x}-\boldsymbol{x}_0\|)=0$。导数矩阵 $\boldsymbol{D}f(\boldsymbol{x}_0)$的列为向量偏导数。向量 $\frac{\partial f}{\partial x_j}(\boldsymbol{x}_0)$ 是函数 f 在点 $\boldsymbol{x}_0$ 上的切线向量，可通过只调整 $\boldsymbol{x}$ 的第 j 个元素的值求得。

如果函数 $f:\mathbb{R}^n\to\mathbb{R}$是可微的，那么函数 $\nabla f(\boldsymbol{x})=\begin{bmatrix}\frac{\partial f}{\partial x_1}(\boldsymbol{x})\\ \frac{\partial f}{\partial x_2}(\boldsymbol{x})\\ \vdots\\ \frac{\partial f}{\partial x_n}(\boldsymbol{x})\end{bmatrix}=[\boldsymbol{D}f(\boldsymbol{x})]^{\mathrm{T}}$ 称为函数 f 的梯度。

梯度是一个从$\mathbb{R}^n$ 到$\mathbb{R}^n$ 的函数。如果绘制梯度向量 $\nabla f(\boldsymbol{x})$，其起点为点 $\boldsymbol{x}$，箭头表示方向，那么可将梯度表示为向量场。

给定函数 $f:\mathbb{R}^n\to\mathbb{R}^n$，如果梯度 ∇f 可微，那么称函数 f 是二次可微的，∇f 的导数记为

$$\boldsymbol{D}^2 f=\begin{bmatrix}\frac{\partial^2 f}{\partial {x_1}^2} & \frac{\partial^2 f}{\partial x_2\partial x_1} & \cdots & \frac{\partial^2 f}{\partial x_n\partial x_1}\\ \frac{\partial^2 f}{\partial x_1\partial x_2} & \frac{\partial^2 f}{\partial {x_2}^2} & \cdots & \frac{\partial^2 f}{\partial x_n\partial x_2}\\ \vdots & \vdots & & \vdots\\ \frac{\partial^2 f}{\partial x_1\partial x_n} & \frac{\partial^2 f}{\partial x_2\partial x_n} & \cdots & \frac{\partial^2 f}{\partial {x_n}^2}\end{bmatrix} \tag{2.66}$$

其中，$\frac{\partial^2 f}{\partial x_i\partial x_j}$ 表示 f 首先对 x_j 求导，再对 x_i 求导的偏导数。矩阵 $\boldsymbol{D}^2 f(\boldsymbol{x}_0)$称为 f 在点 $\boldsymbol{x}$ 处的 Hessian 矩阵，常记为 $F(\boldsymbol{x})$。

给定函数 $f:\Omega\to\mathbb{R}^m$，$\Omega\to\mathbb{R}^n$，如果该函数在 Ω 上是可微的，且 $\boldsymbol{D}f:\Omega\to\mathbb{R}^{m\times n}$ 是连续的，那么称该函数在 Ω 上是连续可微的，即函数 f 的各元素具有连续偏导数。将满足这种条件的函数 f 记为 $f\in\mathbb{C}^1$。如果函数 f 中的各元素都具有 p 次连续偏导数，那么记该函数为 $f\in\mathbb{C}^p$。

如果函数 $f:\mathbb{R}^n\to\mathbb{R}$在点 $\boldsymbol{x}$ 处是二次连续可微的，那么函数 f 在点 $\boldsymbol{x}$ 处的 Hessian 矩阵是对称的。这是微积分中的一个非常著名的结论，称为克莱罗定理或施瓦茨定理。然而，如果函数 f 的二次偏导数是不连续的，就不能保证 Hessian 矩阵是对称的。

2.3.4　微分法则

利用函数 $f:\mathbb{R}^n\to\mathbb{R}^m$ 和函数 $g:\mathbb{R}^n\to\mathbb{R}^m$，可构成复合函数 $g(f(t))$，对其进行微分需要使用链式法则。本节首先介绍该法则。

定理 2.7　如果函数 $g:\mathcal{D}\to\mathbb{R}$在开集$\mathcal{D}\in\mathbb{R}^n$上是可微的，且函数 $f:(a,b)\to\mathcal{D}$在(a,b)上是可微的，那么它们的复合函数 $h:(a,b)\to\mathbb{R}$，$h(t)=g(f(t))$在(a,b)上是可微的，且其导数为

$$h'(t)=Dg(f(t))Df(t)=\nabla g(f(t))^{\mathrm{T}}\begin{bmatrix}f_1'(t)\\f_2'(t)\\\vdots\\f_n'(t)\end{bmatrix}\tag{2.67}$$

然后讨论乘积法则。令函数 $f:\mathbb{R}^n\to\mathbb{R}^m$ 和函数 $g:\mathbb{R}^n\to\mathbb{R}^m$ 表示两个可微函数，函数 $h:\mathbb{R}^n\to\mathbb{R}$定义为 $h(\boldsymbol{x})=f(\boldsymbol{x})^{\mathrm{T}}g(\boldsymbol{x})$，则函数 h 也是可微的，且有

$$Dh(\boldsymbol{x})=f(\boldsymbol{x})^{\mathrm{T}}Dg(\boldsymbol{x})+g(\boldsymbol{x})^{\mathrm{T}}Df(\boldsymbol{x})\tag{2.68}$$

最后，给出多变量微积分领域中的一组公式。此组公式非常有用，利用它可以计算不同情况下函数关于 $\boldsymbol{x}$ 的导数。给定矩阵 $\boldsymbol{A}\in\mathbb{R}^{m\times n}$ 和向量 $\boldsymbol{y}\in\mathbb{R}^m$，有

$$D(\boldsymbol{y}^{\mathrm{T}}\boldsymbol{A}\boldsymbol{x})=\boldsymbol{y}^{\mathrm{T}}\boldsymbol{A}\tag{2.69}$$

特别地，当 $m=n$ 时，有

$$D(\boldsymbol{x}^{\mathrm{T}}\boldsymbol{A}\boldsymbol{x})=\boldsymbol{x}^{\mathrm{T}}(\boldsymbol{A}+\boldsymbol{A}^{\mathrm{T}})\tag{2.70}$$

如果 $\boldsymbol{y}\in\mathbb{R}^n$，那么由式（2.70）可得

$$D(\boldsymbol{y}^{\mathrm{T}}\boldsymbol{x})=\boldsymbol{y}^{\mathrm{T}}\tag{2.71}$$

如果 $\boldsymbol{Q}$ 是对称矩阵，那么由式（2.71）可得

$$D(\boldsymbol{x}^{\mathrm{T}}\boldsymbol{Q}\boldsymbol{x})=2\boldsymbol{x}^{\mathrm{T}}\boldsymbol{Q}\tag{2.72}$$

特别地，当 $\boldsymbol{Q}=\boldsymbol{I}$ 时，有

$$D(\boldsymbol{x}^{\mathrm{T}}\boldsymbol{x})=2\boldsymbol{x}^{\mathrm{T}}\tag{2.73}$$

2.3.5　水平集与梯度

1988 年，Osher 和 Sethian 最先提出了水平集的概念，其基本思想是将闭合轮廓表示为高维曲面等值点的集合。在一系列内力和外力的作用下，通过演化水平集函数，并跟踪它的零水平集得到轮廓的演化过程。通过把二维平面曲线嵌入三维曲面，将平面闭曲线的演化问题转化为三维曲面的演化问题，其优点是可以方便地处理曲线演化时拓扑结构的变化。

函数 $f:\mathbb{R}^n\to\mathbb{R}$在水平 c 上的水平集定义为

$$S=\{\boldsymbol{x}:f(\boldsymbol{x})=c\}\tag{2.74}$$

对于 $f:\mathbb{R}^2\to\mathbb{R}$，水平集 S 是一条曲线，能够直观观察；对于 $f:\mathbb{R}^3\to\mathbb{R}$，水平集 S 通常是一组曲面。

梯度的本义是一个向量（矢量），表示某一函数在该点的方向导数沿该方向取得最大值，即函数在该点沿该方向（此梯度的方向）变化最快，变化率最大（此梯度的模）。

定理 2.8 对于水平为 $f(\boldsymbol{x})=f(\boldsymbol{x}_0)$ 的水平集中的任意一条经过点 $\boldsymbol{x}_0$ 的光滑曲线，其在点 $\boldsymbol{x}_0$ 处的切向量与函数 f 在点 $\boldsymbol{x}_0$ 处的梯度 $\nabla f(\boldsymbol{x}_0)$ 正交，如图 2.6 所示。

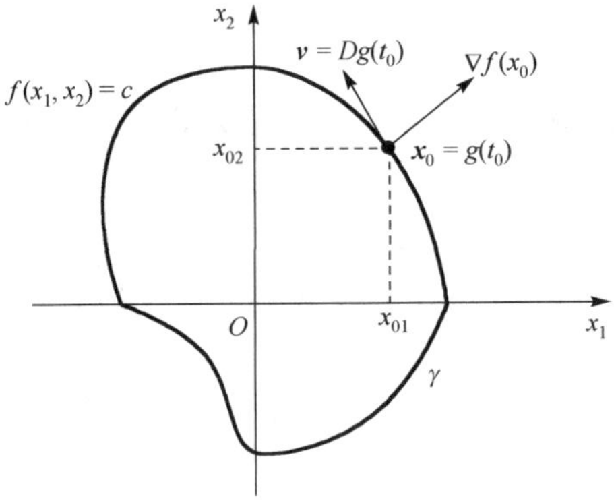

图 2.6 梯度与水平集中任意曲线的切向量正交

根据定理 2.8，可以说 $\nabla f(\boldsymbol{x}_0)$ 在点 $\boldsymbol{x}_0$ 处正交于水平集 S，或者说 $\nabla f(\boldsymbol{x}_0)$ 是水平集在点 $\boldsymbol{x}_0$ 处的法向量。同时，如果 $\nabla f(\boldsymbol{x}_0)\neq 0$，那么满足 $\nabla f(\boldsymbol{x}_0)^{\mathrm{T}}(\boldsymbol{x}-\boldsymbol{x}_0)=0$ 的所有 $\boldsymbol{x}$ 组成的集合称为水平集 S 在点 $\boldsymbol{x}_0$ 处的切平面（或切线）。

可以发现，$\nabla f(\boldsymbol{x}_0)$ 是函数 f 在点 $\boldsymbol{x}_0$ 处速度变化最大的方向。由于 $\nabla f(\boldsymbol{x}_0)$ 正交于水平为 $f(\boldsymbol{x})=f(\boldsymbol{x}_0)$ 的水平集，因此，可以推出结论：一个实值可微函数在某点速度变化最大的方向正交于函数 f 在该点的水平集。

图 2.7 给出了当函数为 $f:\mathbb{R}^2\to\mathbb{R}$ 时的最速上升路径示意图。在图 2.7 中，阴影曲面上自下而上的曲线具有如下性质：曲线在 (x_1,x_2) 平面上的投影总是正交于轮廓线。由于该曲线指示的是函数 f 速度变化最大的方向，因此也称之为最速上升路径。

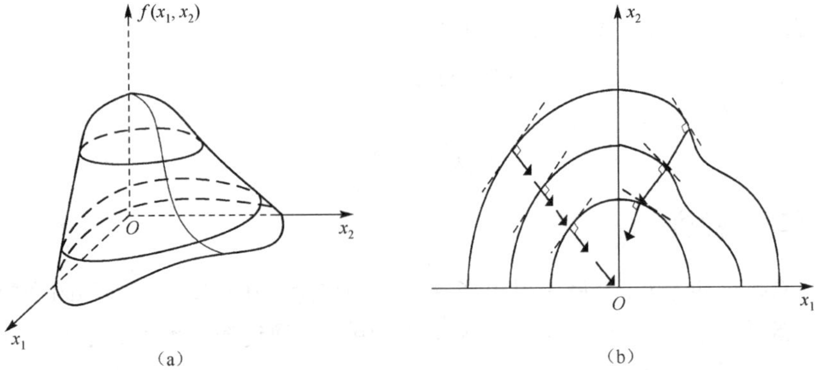

（a） （b）

图 2.7 最速上升路径示意图

函数 $f:\mathbb{R}^n\to\mathbb{R}$ 的图像为集合 $\{[\boldsymbol{x}^{\mathrm{T}},f(\boldsymbol{x})]^{\mathrm{T}},\ \boldsymbol{x}\in\mathbb{R}^n\}\subset\mathbb{R}^{n+1}$，函数 f 的梯度可以理解为函数图像的一个切平面，并且是一个超平面。更进一步，令 $\boldsymbol{x}_0\in\mathbb{R}^n$，$z_0=f(\boldsymbol{x}_0)$，则 $[\boldsymbol{x}_0^{\mathrm{T}},z_0]^{\mathrm{T}}\in\mathbb{R}^{n+1}$ 为函

数 f 的图像中的一点。如果函数 f 在点 ξ 处可微，那么函数 f 的图像在 $\xi=[\boldsymbol{x}_0^{\mathrm{T}}, \boldsymbol{z}_0]^{\mathrm{T}}$ 处存在一个非垂直的切线超平面。经过点 ξ 的超平面是所有满足 $u_1(u_1-x_{01})+\cdots+u_n(x_n-x_{0n})+v(z-z_0)=0$ 的点 $[x_1,\cdots,x_n,z]^{\mathrm{T}}\in\mathbb{R}^{n+1}$ 构成的集合。其中，向量 $[u_1,\cdots,u_n,v]^{\mathrm{T}}\in\mathbb{R}^{n+1}$ 正交于超平面。假定该超平面是非垂直的（$v\neq0$），令 $d_i=-\dfrac{u_i}{v}$，则可将上面的超平面方程重写为

$$z=d_1(x_1-x_{01})+\cdots+d_n(x_n-x_{0n})+z_0 \tag{2.75}$$

其中，等号右边可以理解为一个函数 $z:\mathbb{R}^n\to\mathbb{R}$。由于超平面与函数 f 的图像相切，因此函数 f 在点 $\boldsymbol{x}_0$ 处必定具有相同的偏导数。于是，如果函数 f 在点 $\boldsymbol{x}_0$ 处可微，那么其切线的超平面可以由梯度表示为

$$z-z_0=Df(\boldsymbol{x}_0)(\boldsymbol{x}-\boldsymbol{x}_0)=(\boldsymbol{x}-\boldsymbol{x}_0)^{\mathrm{T}}\nabla f(\boldsymbol{x}_0) \tag{2.76}$$

2.3.6　泰勒级数

泰勒公式是最优化领域中诸多数值算法和模型的基础，由泰勒定理给出。

定理 2.9（泰勒定理）　假定函数 $f:\mathbb{R}\to\mathbb{R}$ 在区间 $[a,b]$ 上是 m 次连续可微的，即 $f\in\mathbb{C}^m$，令 $h=b-a$，则有

$$f(b)=f(a)+\frac{h}{1!}f^{(1)}(a)+\frac{h^2}{2!}f^{(2)}(a)+\cdots+\frac{h^{m-1}}{(m-1)!}f^{(m-1)}(a)+R_m \tag{2.77}$$

$$R_m=\frac{h^m(1-\theta)^{m-1}}{(m-1)!}f^{(m)}\left(a+\theta h\right)=\frac{h^m}{m!}f^{(m)}(a+\theta' h) \tag{2.78}$$

其中，$\theta,\theta'\in(0,1)$；$f^{(m)}$ 表示 f 的 m 次导数。式（2.78）称为泰勒公式。

在数学理论中，泰勒级数（Taylor Series）用无限项连加式，即级数来表示一个函数，这些相加的项由函数在某一点的导数求得。泰勒级数以在 1715 年发表了泰勒公式的英国数学家布鲁克·泰勒（Brook Taylor）的名字命名。通过函数在自变量零点的导数求得的泰勒级数又叫作麦克劳林级数，它以苏格兰数学家科林·麦克劳林的名字命名。泰勒级数在近似计算中有重要作用。

若函数 $f(x)$ 在含 x_0 的区间 (a, b) 内任意次可导，当 $n\to\infty$ 时，$R_n(x)\to0$，则 $f(x)$ 的泰勒级数为

$$f(x)=f(x_0)+f'(x-x_0)+\frac{f''(x_0)}{2!}(x-x_0)^2+\cdots+\frac{f^{(n)}(x_0)}{n!}(x-x_0)^n+\cdots \tag{2.79}$$

在泰勒级数中，取 $x_0=0$，得 $f(x)$ 的麦克劳林级数为

$$f(x)=f(0)+f'(0)x+\frac{f''(0)}{2!}x^2+\cdots+\frac{f^{(n)}(0)}{n!}x^n+\cdots \tag{2.80}$$

定理 2.10　设函数 $f(x)$ 在 x_0 的某个邻域 $N(x_0,\delta_0)$ 内具有任意次导数，则函数 $f(x)$ 在该邻域内能展开成泰勒级数的充要条件是泰勒公式中的余项 $R_n(x)$ 满足

$$\lim_{n\to\infty}R_n(x)=0,\ x\in N(x_0,\delta_0) \tag{2.81}$$

定理 2.11　如果 $f(x)$ 在区间 $(-R+x_0,R+x_0)$ 内能展开成泰勒级数 $\sum\limits_{n=0}^{\infty}\dfrac{f^{(n)}(a)}{n!}(x-a)^n$，那么

右边的幂级数是唯一的。

泰勒级数的重要性体现在以下 3 方面。

（1）幂级数的求导和积分可以逐项进行，因此，求和函数相对比较容易。

（2）一个解析函数可以延伸为一个定义在复平面上的一个开片上的解析函数，并使得复分析这种方法可行。

（3）泰勒级数可以用来近似计算函数的值。

习　题

1．矩阵 $\boldsymbol{A}\in\mathbb{R}^{m\times n}$ 且 $\mathrm{rank}\boldsymbol{A}=m$，试证明 $m\leqslant n$。

2．试证明方程组 $\boldsymbol{Ax}=\boldsymbol{b}$，$\boldsymbol{A}\in\mathbb{R}^{m\times n}$ 具有唯一解的充要条件是 $\mathrm{rank}\boldsymbol{A}=\mathrm{rank}\,[\boldsymbol{A},\boldsymbol{b}]=n$。

3．已知如果 $k\geqslant n+1$，那么向量 $\boldsymbol{a}_1,\boldsymbol{a}_2,\cdots,\boldsymbol{a}_k\in\mathbb{R}^n$ 是线性相关的，即存在一组标量 $\alpha_1,\alpha_2,\cdots,\alpha_k$，至少有一个 $\alpha_i\neq0$，使得 $\sum_{i=1}^{k}\alpha_i\boldsymbol{a}_i=\boldsymbol{0}$ 成立。试证明：如果 $k\geqslant n+2$，那么存在一组标量 $\alpha_1,\alpha_2,\cdots,\alpha_k$，至少有一个 $\alpha_i\neq0$，使得 $\sum_{i=1}^{k}\alpha_i\boldsymbol{a}_i=\boldsymbol{0}$ 成立，且 $\sum_{i=1}^{k}\alpha_i=0$。

4．考虑一个 $m\times m$ 矩阵 $\boldsymbol{M}$，它具有如下形式：

$$\boldsymbol{M}=\begin{bmatrix}\boldsymbol{M}_{m-k,k} & \boldsymbol{I}_{m-k}\\ \boldsymbol{M}_{k,k} & \boldsymbol{O}_{k,m-k}\end{bmatrix}$$

其中，$\boldsymbol{M}_{k,k}$ 是 $k\times k$ 矩阵；$\boldsymbol{M}_{m-k,k}$ 是 $(m-k)\times k$ 矩阵；$\boldsymbol{I}_{m-k}$ 是 $(m-k)\times(m-k)$ 的单位矩阵；$\boldsymbol{O}_{k,m-k}$ 是 $k\times(m-k)$ 的零矩阵。

（1）试证明：

$$|\det\boldsymbol{M}|=|\det\boldsymbol{M}_{k,k}|$$

（2）在某些特定的条件下，有以下更强的结论成立：

$$\det\boldsymbol{M}=\det(-\boldsymbol{M}_{k,k})$$

试指出该结论成立的条件，并说明在大部分条件下该结论并不成立。

5．用定义验证下列各集合是凸集。

（1）$S=\{(x_1,x_2)|\,x_1+2x_2\geqslant1,\,x_1-x_2\geqslant1\}$。

（2）$S=\{(x_1,x_2)|\,x_2\geqslant|x_1|\}$。

（3）$S=\{(x_1,x_2)|\,x_1^2+x_2^2\leqslant10\}$。

6．设 $C\subseteq\mathbb{R}^p$ 是一个凸集，p 是正整数。证明下列集合 S 是 $\mathbb{R}^p$ 中的凸集：

$$S=\{\boldsymbol{x}\,|\,\boldsymbol{x}\in\mathbb{R}^n,\ \boldsymbol{x}=\boldsymbol{A}\boldsymbol{\rho},\ \boldsymbol{\rho}\in C\}$$

其中，$\boldsymbol{A}$ 是给定的 $n\times p$ 实矩阵。

7．证明下列集合 S 是凸集：

$$S=\{\boldsymbol{x}\,|\,\boldsymbol{x}=\boldsymbol{Ay},\ \boldsymbol{y}\geqslant0\}$$

其中，$\boldsymbol{A}$ 是 $n\times m$ 矩阵；$\boldsymbol{x}\in\mathbb{R}^n$；$\boldsymbol{y}\in\mathbb{R}^m$。

8．设 S 是$\mathbb{R}^n$ 中的一个非空凸集。证明对每个整数 $k\geqslant 2$，若 $\boldsymbol{x}^{(1)},\boldsymbol{x}^{(2)},\cdots,\boldsymbol{x}^{(k)}\in S$，则有

$$\sum_{i=1}^{k}\lambda_i\boldsymbol{x}^{(i)}\in S$$

其中，$\lambda_1+\lambda_2+\cdots+\lambda_k=1$（$\lambda_i\geqslant 0$，$i=1,2,\cdots,k$）。

9．设 $\boldsymbol{A}$ 是 $m\times n$ 矩阵，$\boldsymbol{B}$ 是 $l\times n$ 矩阵，$\boldsymbol{c}\in\mathbb{R}^n$，证明下列两个系统恰有一个有解。

系统 1：$\boldsymbol{Ax}\leqslant 0$，$\boldsymbol{Bx}=0$，$\boldsymbol{c}^{\mathrm{T}}\boldsymbol{x}>0$，对某些 $\boldsymbol{x}\in\mathbb{R}^n$。

系统 2：$\boldsymbol{A}^{\mathrm{T}}\boldsymbol{y}+\boldsymbol{B}^{\mathrm{T}}\boldsymbol{z}=\boldsymbol{c}$，$\boldsymbol{y}\geqslant 0$，对某些 $\boldsymbol{y}\in\mathbb{R}^m$ 和 $\boldsymbol{z}\in\mathbb{R}^l$。

10．设 $\boldsymbol{A}$ 是 $m\times n$ 矩阵，$\boldsymbol{c}\in\mathbb{R}^n$，证明下列两个系统恰有一个有解。

系统 1：$\boldsymbol{Ax}\leqslant 0$，$\boldsymbol{x}\geqslant 0$，$\boldsymbol{c}^{\mathrm{T}}\boldsymbol{x}>0$，对某些 $\boldsymbol{x}\in\mathbb{R}^n$。

系统 2：$\boldsymbol{A}^{\mathrm{T}}\boldsymbol{y}\geqslant\boldsymbol{c}$，$\boldsymbol{y}\geqslant 0$，对某些 $\boldsymbol{y}\in\mathbb{R}^m$。

11．证明 $\boldsymbol{Ax}\leqslant 0$，$\boldsymbol{c}^{\mathrm{T}}\boldsymbol{x}>0$ 有解，其中

$$\boldsymbol{A}=\begin{bmatrix}1 & -2 & 1\\ -1 & 1 & 1\end{bmatrix},\quad \boldsymbol{c}=\begin{bmatrix}2\\1\\0\end{bmatrix}$$

12．证明下列不等式组无解：

$$\begin{cases}\boldsymbol{x}_1+3\boldsymbol{x}_2<0\\ 3\boldsymbol{x}_1-\boldsymbol{x}_2<0\\ 17\boldsymbol{x}_1+11\boldsymbol{x}_2>0\end{cases}$$

13．判别下列函数是否为凸函数。

（1）$f(x_1,x_2)=x_1^{\ 2}-2x_1x_2+x_2^{\ 2}+x_1+x_2$。

（2）$f(x_1,x_2)=x_1^{\ 2}-4x_1x_2+x_2^{\ 2}+x_1+x_2$。

（3）$f(x_1,x_2)=(x_1-x_2)^2+4x_1x_2+\mathrm{e}^{x_1+x_2}$。

（4）$f(x_1,x_2)=x_1\mathrm{e}^{-(x_1+x_2)}$。

（5）$f(x_1,x_2,x_3)=x_1x_2+2x_1^{\ 2}+x_2^{\ 2}+3x_2^{\ 2}-6x_1x_3$。

14．设 $f(x_1,x_2)=10-2(x_2-x_1^{\ 2})^2$，$S=\{(x_1,x_2)\,|\,-11\leqslant x_1\leqslant 1,\ -1\leqslant x_2\leqslant 1\}$，则 $f(x_1,x_2)$ 是否为 S 上的凸函数？

15．证明 $f(\boldsymbol{x})=\dfrac{1}{2}\boldsymbol{x}^{\mathrm{T}}\boldsymbol{Ax}+\boldsymbol{b}^{\mathrm{T}}\boldsymbol{x}$ 为严格凸函数的充要条件是 Hessian 矩阵 $\boldsymbol{A}$ 正定。

16．设 f 是定义在$\mathbb{R}^n$ 上的函数，如果对每个点 $\boldsymbol{x}\in\mathbb{R}^n$ 和正数 t 均有 $f(t\boldsymbol{x})=f(\boldsymbol{x})$，则称 f 为**正齐次函数**。证明$\mathbb{R}^n$ 上的正齐次函数 f 为凸函数的充要条件是对任何 $\boldsymbol{x}^{(1)},\boldsymbol{x}^{(2)}\in\mathbb{R}^n$，有

$$f(\boldsymbol{x}^{(1)}+\boldsymbol{x}^{(2)})\leqslant f(\boldsymbol{x}^{(1)})+f(\boldsymbol{x}^{(2)})$$

17．试证明使 $\lim\limits_{k\to\infty}\boldsymbol{A}^k=\boldsymbol{O}$ 成立的充分条件为$\|\boldsymbol{A}\|<1$。

18．试证明对于任意矩阵 $\boldsymbol{A}\in\mathbb{R}^{n\times n}$，都有

$$\|\boldsymbol{A}\|\geqslant\max_{1\leqslant i\leqslant n}|\lambda_i(\boldsymbol{A})|$$

19．考虑函数

$$f(\boldsymbol{x})=(\boldsymbol{a}^{\mathrm{T}}\boldsymbol{x})(\boldsymbol{b}^{\mathrm{T}}\boldsymbol{x})$$

其中，$\boldsymbol{a}$、$\boldsymbol{b}$ 和 $\boldsymbol{x}$ 是 n 维向量。

（1）计算 $\nabla f(\boldsymbol{x})$。

（2）计算 Hessian 矩阵 $F(\boldsymbol{x})$。

20．已知函数 $f:\mathbb{R}^2\to\mathbb{R}$ 和 $g:\mathbb{R}\to\mathbb{R}^2$ 分别定义为 $f(\boldsymbol{x})=x_1^2/6+x_2^2/4$ 与 $g(t)=[3t+5,2t-6]^{\mathrm{T}}$，令 $F:\mathbb{R}\to\mathbb{R}$ 为 $F(t)=f(g(t))$，试利用链式法则计算 $\frac{\mathrm{d}F(t)}{\mathrm{d}t}$。

21．令

$$f_1(x_1,x_2)=x_1^2-x_2^2$$
$$f_2(x_1,x_2)=2x_1x_2$$

在同一幅图中，绘制出与 $f_1(x_1,x_2)=12$ 和 $f_2(x_1,x_2)=16$ 对应的水平集，并在图中标记出满足 $f(\boldsymbol{x})=[f_1(x_1,x_2),f_2(x_1,x_2)]^{\mathrm{T}}=[12,16]^{\mathrm{T}}$ 的点 $\boldsymbol{x}=[x_1,x_2]^{\mathrm{T}}$。

22．写出下列函数在给定点 $\boldsymbol{x}_0$ 处的泰勒级数展开式，忽略其三次及更高次项。

（1）$f(\boldsymbol{x})=x_1\mathrm{e}^{-x_2}+x_2^2+1$，$\boldsymbol{x}_0=[1,0]^{\mathrm{T}}$。

（2）$f(\boldsymbol{x})=x_1^4+2x_1^2x_2^2+x_2^4$，$\boldsymbol{x}_0=[1,1]^{\mathrm{T}}$。

（3）$f(\boldsymbol{x})=\mathrm{e}^{x_1-x_2}+\mathrm{e}^{x_1+x_2}+x_1+x_2+1$，$\boldsymbol{x}_0=[1,0]^{\mathrm{T}}$。

第3章 线 性 规 划

线性规划（Linear Programming，LP）是最优化理论与方法中的一个重要分支，理论完整、方法成熟，已经被广泛应用于工业设计、科学研究、军事指导、经营管理和城市规划等各领域。针对线性规划，已经有了成熟、完善的理论和方法。本章是线性规划的基础，主要介绍线性规划的基本性质，为第 4 章介绍的线性规划的计算方法奠定基础。

3.1 线性规划问题的标准形式

在实际问题中，线性规划的一般数学模型通常有多种形式，目标函数可能取最大值，也可能取最小值。约束条件有等式约束和不等式约束，这为进一步的讨论和求解带来了很大的麻烦。为了简化线性规划的复杂情况，统一线性规划问题的形式，本节给出线性规划问题的标准形式。线性规划问题的标准形式应满足以下几个条件。

（1）目标函数为极小型。

（2）约束条件为等式约束。

（3）所有的决策变量为非负值。

（4）约束方程右端项的系数为非负值。

根据以上条件，一般线性规划问题可以写成下列标准形式：

$$\begin{aligned}
&\min \sum_{j=1}^{n} c_j x_j \\
&\text{s.t.}\ \sum_{j=1}^{n} \alpha_{ij} x_j = b_i,\quad i=1,2,\cdots,m \\
&\qquad x_j \geqslant 0,\qquad j=1,2,\cdots,n
\end{aligned} \tag{3.1}$$

将该标准形式转化为矩阵表示，即

$$\begin{aligned}
&\min\ \boldsymbol{cx} \\
&\text{s.t.}\ \boldsymbol{Ax}=\boldsymbol{b} \\
&\qquad \boldsymbol{x} \geqslant 0
\end{aligned} \tag{3.2}$$

其中，$\boldsymbol{A}$ 是 $m\times n$ 矩阵；$\boldsymbol{c}$ 是 n 维行向量；$\boldsymbol{b}$ 是 m 维列向量。

这里假设 $\boldsymbol{b}\geqslant 0$，以方便计算，即 $\boldsymbol{b}$ 的每个分量都是非负的。如果某个分量为负数，则可将方程两端乘以-1，从而将右端的 $\boldsymbol{b}$ 化为非负数。

在标准形式中，将变量设置成非负的限制是与实际问题相贴合的。我们从实际问题中抽象出数学模型，对于许多实际问题，变量是具体物理量的表示，如生产数量、购买件数等，这些实际问题的变量要求必须是非负的。然而，在数学模型中，变量的约束各不相同，有些变量无约束，有些变量为上下界约束。对于不同的约束变量，可以通过变量替换的方法获得非负变量。例如，若 x_j 无非负限制，则可令 $x_j = x_j' - x_j''$，其中，$x_j' \geqslant 0$，$x_j'' \geqslant 0$，用非负变量 x_j' 和 x_j'' 替换 x_j。此外，当变量有上下界，即不符合标准形式时，也可进行变量替换。例如，当 $x_j \geqslant l_j$ 时，可令 $x_j' = x_j - l_j$，则 $x_j' \geqslant 0$；当 $x_j \leqslant u_j$ 时，可令 $x_j' = u_j - x_j$，则 $x_j' \geqslant 0$。

线性规划问题的标准形式能够统一各种情况的线性规划模型，为后续求解提供方便，在第 4 章介绍的单纯形方法中，数学模型必须为标准形式才能求解线性规划问题。如果给定的数学模型不是标准形式，就需要先将其转化为标准形式，再运用单纯形方法进行求解。

将非标准形式的线性规划模型转化为标准形式的线性规划模型有以下 5 种类型[1]。

1. 极小化型——目标函数求极大值转化为求极小值

对于 $\max f(x) = \sum_{j=1}^{n} c_j x_j$，若定义 $g(x) = -f(x)$，则求目标函数 $f(x)$ 的极大值问题就转化为求 $g(x)$ 的极小值问题。

例如，$\max z = 3x_1 + 2x_2 - 7x_3$，对其进行等价变换，令 $z' = -z$，则目标函数转化为 $z' = -3x_1 - 2x_2 + 7x_3$，$\max z \Rightarrow \min z'$。

极大化目标函数可以转化为极小化负的目标函数，其最优解是一致的，如图 3.1 所示。

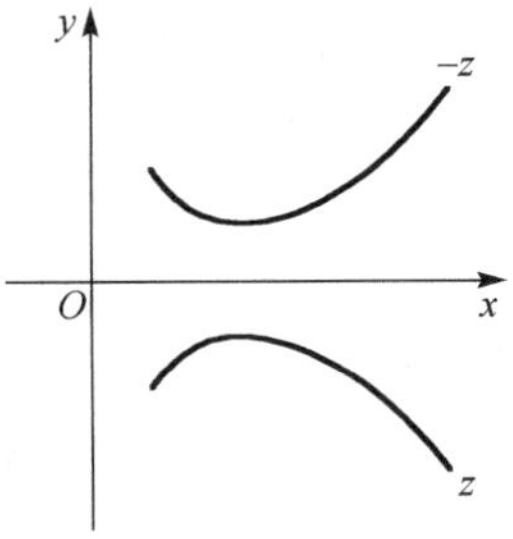

图 3.1 极小化型

2. 约束方程为等式——约束方程为不等式转化为等式

在线性规划问题中，当约束方程为不等式时，可以将其转化为等式，包括以下两种情况。

（1）当约束方程为“≤”时，引入**松弛变量**将其转化为等式。例如：

$$a_{i1}x_1 + a_{i2}x_2 + \cdots + a_{in}x_n \leqslant b_i \tag{3.3}$$

等价于 $a_{i1}x_1 + a_{i2}x_2 + \cdots + a_{in}x_n + y_i = b_i$，其中，$y_i \geqslant 0$ 称为松弛变量（Slack Variable）。

（2）当约束方程为“≥”时，引入**剩余变量**将其转化为等式。例如：

$$a_{i1}x_1 + a_{i2}x_2 + \cdots + a_{in}x_n \geqslant b_i \tag{3.4}$$

等价于 $a_{i1}x_1 + a_{i2}x_2 + \cdots + a_{in}x_n - y_i = b_i$，其中，$y_i \geqslant 0$ 称为剩余变量（Surplus Variable）。

3. 决策变量 x_j 无非负约束转化为非负形式

如果 x_j 无非负约束，则 x_j 称为自由变量，对于自由变量，可引入两个非负变量，即引入 $x_j' \geqslant 0$ 和 $x_j'' \geqslant 0$，令 $x_j = x_j' - x_j''$，将其转化为非负形式。

4. 决策变量有上下界的转化

当决策变量有上下界时，可以将其写为两个不等式约束，通过变量替换和引入变量进行标准化。例如，$1 \leqslant x_3 \leqslant 5 \rightarrow x_3 \geqslant 1$，$x_3 \leqslant 5$，令 $x_3' = x_3 - 1$，则 $x_3' \geqslant 0$，$x_3' \leqslant 4$。同时，$x_3' \leqslant 4$ 可转化为 $x_3' + x_4 = 4$，$x_4 \geqslant 0$。

5. 含有绝对值的转化

线性规划问题为

$$\begin{aligned} &\min\ |x_1| + |x_2| + \cdots + |x_n| \\ &\text{s.t.}\ \ \boldsymbol{Ax} \leqslant \boldsymbol{b} \end{aligned} \tag{3.5}$$

其中，$\boldsymbol{x} = (x_1, x_2, \cdots, x_n)^{\mathrm{T}}$；$\boldsymbol{A}$ 和 $\boldsymbol{b}$ 分别是相应维数的矩阵与向量。

为了消除绝对值，下面定义两个向量 $\boldsymbol{u} = (u_1, u_2, \cdots, u_n)^{\mathrm{T}}$，$\boldsymbol{v} = (v_1, v_2, \cdots, v_n)^{\mathrm{T}}$，取 $u_i = \dfrac{x_i + |x_i|}{2}$，$v_i = \dfrac{|x_i| - x_i}{2}$，则 $u_i, v_i \geqslant 0$，且 $x_i = u_i - v_i$，$|x_i| = u_i + v_i$。

此时，原线性规划问题可以转化为

$$\begin{aligned} &\min\ (u_1 + v_1) + (u_2 + v_2) + \cdots + (u_n + v_n) \\ &\text{s.t.}\ \ \boldsymbol{A}(\boldsymbol{u} - \boldsymbol{v}) + \boldsymbol{w} = \boldsymbol{b} \\ &\qquad \boldsymbol{u}, \boldsymbol{v}, \boldsymbol{w} \geqslant 0 \end{aligned} \tag{3.6}$$

根据以上转化类型，我们能够将非标准形式的线性规划模型转化为标准形式的线性规划模型。

例 3.1 将下面的线性规划问题转化为标准形式：

$$\begin{aligned} &\max\ z = 3x_1 + 2x_2 - x_3 \\ &\text{s.t.}\quad x_1 + x_2 \leqslant 7 \\ &\qquad\ \ x_1 - x_2 + x_3 \geqslant 5 \\ &\qquad\ \ 1 \leqslant x_3 \leqslant 6 \\ &\qquad\ \ x_1 \geqslant 0，x_2\text{无非负约束} \end{aligned} \tag{3.7}$$

解：（1）$\max\ z = 3x_1 + 2x_2 - x_3$ 转化为 $\min\ \bar{z} = -3x_1 + 2x_2 - x_3$。

（2）消除自由变量 x_2，引入两个非负变量 x_2' 和 x_2''，令 $x_2 = x_2' - x_2''$，$x_2' \geqslant 0$，$x_2'' \geqslant 0$。

（3）引入松弛变量 x_4，使得 $x_1 + x_2 + x_4 = 7$。

（4）引入剩余变量 x_5，使得 $x_1 - x_2 + x_3 - x_5 = 5$。

（5）消除上下界，令 $x_3' = x_3 - 1$，则 $1 \leqslant x_3 \leqslant 6$ 转化为 $x_3' \geqslant 0$，$x_3' \leqslant 5$。引入松弛变量 x_6，则 $1 \leqslant x_3 \leqslant 6$ 转化为 $x_3' + x_6 = 5$，$x_3' \geqslant 0$，$x_6 \geqslant 0$。

根据以上转化，并替换变量 x_2 和 x_3，式（3.7）可以转化为

$$\begin{aligned} &\min \bar{z} = \ -3x_1 + 2(x_2' - x_2'') - (x_3' + 1) \\ &\text{s.t.}\quad x_1 + (x_2' - x_2'') + x_4 = 7 \\ &\qquad\ \ x_1 - (x_2' - x_2'') + x_3' - x_5 = 4 \\ &\qquad\ \ x_3' + x_6 = 5 \\ &\qquad\ \ x_1, x_2', x_2'', x_3', x_4, x_5, x_6 \geqslant 0 \end{aligned} \tag{3.8}$$

3.2 两变量线性规划问题的图解法

对于以下线性规划问题：

$$\begin{aligned} &\min\ \boldsymbol{cx} \\ &\text{s.t.}\ \ \boldsymbol{Ax}=\boldsymbol{b} \\ &\qquad \boldsymbol{x}\geqslant 0 \end{aligned} \tag{3.9}$$

当 $\boldsymbol{x}=(x_1,x_2)$时，该线性规划问题为两变量线性规划问题。此时，可以使用图解法来求这个线性规划问题的解。虽然对于很多实际问题，变量维数一般都远远大于 2，但通过两变量线性规划问题的图解法，我们能够直观地得到很多重要的结论与思想，这些结论与思想同样适用于高维线性规划问题。因此，两变量线性规划问题的图解法能够对理解一般线性规划的理论与求解方法有很大的帮助。

两变量线性规划问题的图解法的求解步骤如下。

（1）绘出线性规划问题的可行域。

（2）绘出目标函数的等值线。

（3）移动等值线到可行域边界得到最优解。

对于某些比较简单的线性规划问题，可用图解法求其最优解。下面举例讲解如何使用图解法求解线性规划问题。

例 3.2 用图解法求解以下线性规划问题：

$$\begin{aligned} &\max\ Z=2x_1+3x_2 \\ &\text{s.t.}\ \ x_1+2x_2\leqslant 8 \\ &\qquad 4x_1\leqslant 16 \\ &\qquad 4x_2\leqslant 16 \\ &\qquad x_1,x_2\geqslant 0 \end{aligned} \tag{3.10}$$

解：（1）绘出线性规划问题的可行域。

由 $x_1,x_2\geqslant 0$ 可知，可行域在第一象限。由 $4x_1\leqslant 16$ 可知，可行域在以 $4x_1=16$ 为分界线且含原点的半平面内。因此，由约束条件确定的可行域为如图 3.2 所示的阴影区域。

（2）绘出目标函数的等值线。

当目标函数值为 z_0 时，其等值线为 $2x_1+3x_2=z_0$，这是一条直线。当 z_0 取不同值时，可以得到一组互相平行的等值线，当等值线在可行域范围内移动时，得到如图 3.2 所示的多条虚线。

（3）确定目标函数值增大的方向。

目标函数的法向量为梯度方向，即 $\nabla f(\boldsymbol{x})=(2,3)^{\mathrm{T}}$。沿法向量方向，目标函数值逐渐增大；沿法向量反方向，目标函数值逐渐减小。因此，等值线应该沿法向量方向移动，并且保证等值线在可行域内移动。从图 3.2 中可以看出，当等值线移动至可行域边界 $Q(4,2)$处时，目标函数值达到最大。如果目标函数值继续增大，则相应的等值线与可行域将没有交集。因此，$\boldsymbol{X}^*=(4,2)^{\mathrm{T}}$ 为原线性规划问题的唯一最优解，最优值为 $Z=14$。

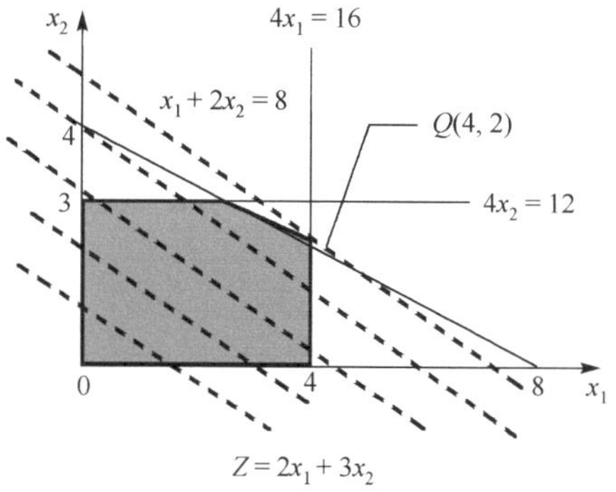

图 3.2 例 3.2 图

例 3.3 用图解法求解以下线性规划问题：

$$\begin{aligned} \max\ & Z = 6x_1 + 4x_2 \\ \text{s.t.}\ & 2x_1 + x_2 \leqslant 10 \\ & x_1 + x_2 \leqslant 8 \\ & x_2 \leqslant 7 \\ & x_1, x_2 \geqslant 0 \end{aligned} \tag{3.11}$$

解：如图 3.3 所示，绘出目标函数 $6x_1 + 4x_2$ 的等值线，并沿法向量方向平行移动等值线，其与阴影部分的边界相交于点 $C(2,6)$，即点 C 为最优解，此时有

$$\begin{aligned} x_1 &= 2 \\ x_2 &= 6 \\ Z &= 36 \end{aligned} \tag{3.12}$$

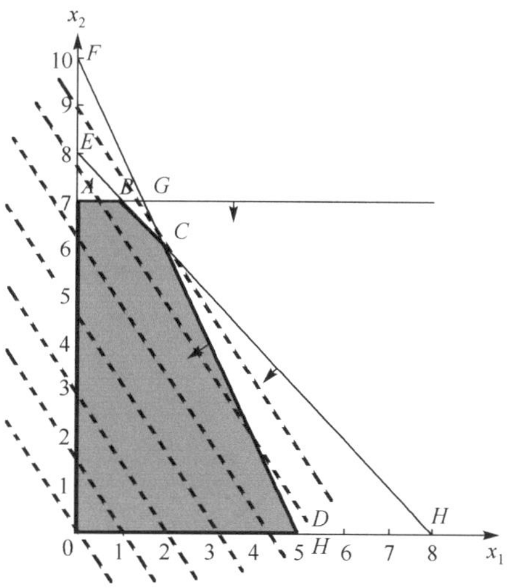

图 3.3 例 3.3 图

根据图解法，可以得到如下结论：若线性规划问题存在最优解，则其必在可行域的某个极点上。一般而言，当等值线沿目标函数的法向量方向平行移动时，目标函数值逐渐增大；当等值线沿目标函数的法向量反方向平行移动时，目标函数值逐渐减小。

两变量线性规划问题除了存在唯一最优解，还存在以下几种特殊情况。

（1）线性规划问题存在多个解（见图 3.4）。例如：

$$\begin{aligned} \min\ z = & -10x_1 - 15x_2 \\ \text{s.t.}\ & 2x_1 + 3x_2 \leqslant 300 \quad l_1 \\ & 2x_1 + 1.5x_2 \leqslant 180 \quad l_2 \\ & x_1, x_2 \geqslant 0 \end{aligned} \tag{3.13}$$

由图 3.4 可以得出，以 z 为参数的等值线与可行域的某条边平行，并且最终重合，因此，该线性规划问题存在多个解。

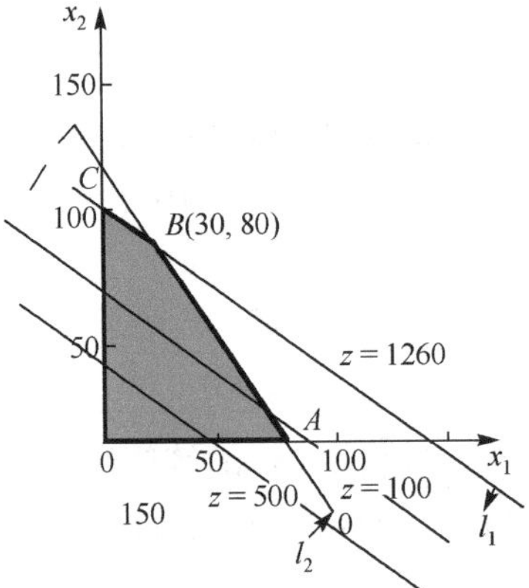

图 3.4　线性规划问题存在多个解

（2）线性规划问题无可行解（见图 3.5）。例如：

$$\begin{aligned} \min\ z = & -10x_1 - 12x_2 \\ \text{s.t.}\ & 5x_1 + 6x_2 \geqslant 900 \quad l_1 \\ & 2x_1 + 3x_2 \leqslant 300 \quad l_2 \\ & x_1, x_2 \geqslant 0 \end{aligned} \tag{3.14}$$

由图 3.5 可以得出，若线性规划问题的可行域为空集，则该线性规划问题无可行解。

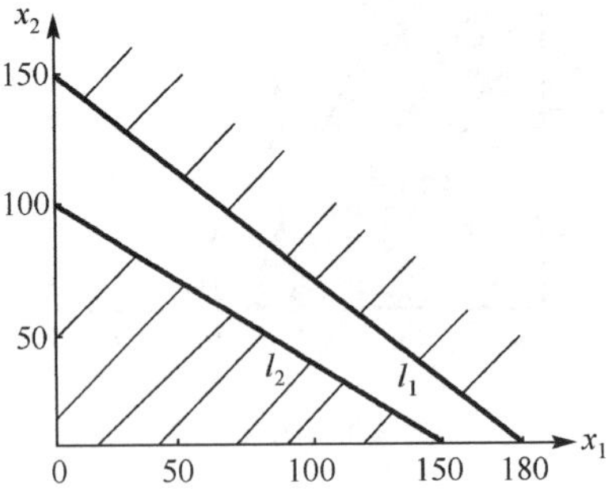

图 3.5　线性规划问题无可行解

（3）线性规划问题存在无界解（见图 3.6）。例如：

$$\begin{aligned}
&\min\ z=-3x_1-4x_2 \\
&\text{s.t.}\quad x_1\leqslant 3 \qquad\qquad l_1 \\
&\qquad\ \ x_1-x_2\leqslant 1 \qquad l_2 \\
&\qquad\ \ x_1,x_2\geqslant 0
\end{aligned} \tag{3.15}$$

由图3.6可以得出，若线性规划问题的可行域无界，则该线性规划问题可能存在无界解。

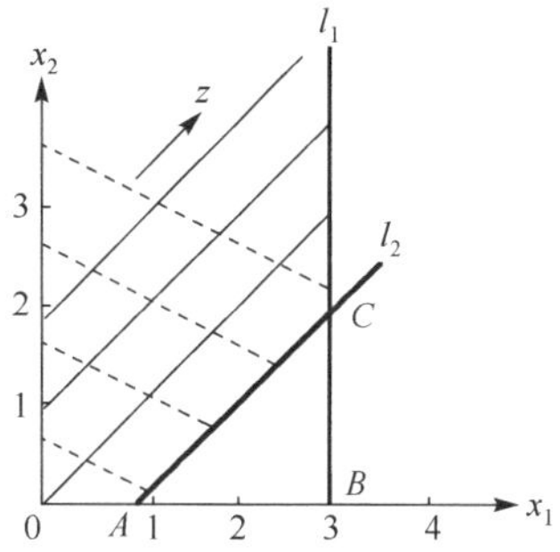

图3.6 线性规划问题存在无界解

根据前面的几种特殊情况可以看出，图解法能够解决少量的线性规划问题。此外，图解法揭示了线性规划问题的若干规律，即线性规划问题可能有可行解，也可能无可行解。对于有可行解的情况，当最优解在可行域的顶点达到时，有唯一最优解；当最优解与可行域的某条边重合时，有无穷个最优解。此外，当可行域无界时，可能有最优解，也可能无最优解。

3.3 线性规划的基本概念与性质

3.3.1 线性规划的基本概念

对于以下线性规划问题：

$$\begin{aligned}
&\max\ z=\boldsymbol{cx} && \boldsymbol{c}_{1\times n} \\
&\text{s.t.}\ \ \boldsymbol{Ax}=\boldsymbol{b} && \boldsymbol{A}_{m\times n}(n\geqslant m),\ \boldsymbol{b}_{m\times 1}\geqslant 0 \\
&\qquad\ \boldsymbol{x}\geqslant 0 && \boldsymbol{x}_{n\times 1}
\end{aligned} \tag{3.16}$$

设$r(\boldsymbol{A})=m$，$\boldsymbol{A}\Rightarrow(\boldsymbol{P}_1,\boldsymbol{P}_2,\cdots,\boldsymbol{P}_n)$，系数矩阵$\boldsymbol{A}$中任意$m$列所组成的$m$阶可逆子方阵$\boldsymbol{B}$称为线性规划的一个**基矩阵**。对于变量$x_j$，若它对应的列$\boldsymbol{P}_j$包含在基矩阵$\boldsymbol{B}$中，则称$x_j$为**基变量**；否则，称$x_j$为**非基变量**。基变量的全体称为一组基变量，记作$x_{B_1},x_{B_2},\cdots,x_{B_m}$。

针对线性规划式（3.16），设矩阵$\boldsymbol{A}=[\boldsymbol{B}\quad \boldsymbol{N}]$，其中，$\boldsymbol{B}$是$m$阶可逆矩阵。如果$\boldsymbol{A}$的前$m$列是线性相关的，则可以通过列调换，使前$m$列成为线性无关的，因此，关于$\boldsymbol{B}$可逆的假设不失一般性，同时记作

$$\boldsymbol{x}=\begin{bmatrix}\boldsymbol{x}_B\\ \boldsymbol{x}_N\end{bmatrix} \tag{3.17}$$

其中，$\boldsymbol{x}_B$的分量与$\boldsymbol{B}$中的列对应；$\boldsymbol{x}_N$的分量与$\boldsymbol{N}$中的列对应。这样，可以把$\boldsymbol{Ax}=\boldsymbol{b}$写为

$$[\boldsymbol{B}\ \ \boldsymbol{N}]\begin{bmatrix}\boldsymbol{x}_B\\ \boldsymbol{x}_N\end{bmatrix}=\boldsymbol{b} \tag{3.18}$$

即

$$\boldsymbol{B}\boldsymbol{x}_B+\boldsymbol{N}\boldsymbol{x}_N=\boldsymbol{b} \tag{3.19}$$

上式两端左乘 $\boldsymbol{B}^{-1}$，并移项，得

$$\boldsymbol{x}_B=\boldsymbol{B}^{-1}\boldsymbol{b}-\boldsymbol{B}^{-1}\boldsymbol{N}\boldsymbol{x}_N \tag{3.20}$$

$\boldsymbol{x}_N$ 的分量即线性代数中的自由未知数，它们取不同的值会得到方程组的不同解。特别地，令 $\boldsymbol{x}_N=0$，则得到的解为

$$\boldsymbol{x}=\begin{bmatrix}\boldsymbol{x}_B\\ \boldsymbol{x}_N\end{bmatrix}=\begin{bmatrix}\boldsymbol{B}^{-1}\boldsymbol{b}\\ \boldsymbol{0}\end{bmatrix} \tag{3.21}$$

定义 3.1 $\boldsymbol{x}=\begin{bmatrix}\boldsymbol{x}_B\\ \boldsymbol{x}_N\end{bmatrix}=\begin{bmatrix}\boldsymbol{B}^{-1}\boldsymbol{b}\\ \boldsymbol{0}\end{bmatrix}$称为方程组 $\boldsymbol{A}\boldsymbol{x}=\boldsymbol{b}$ 的一个**基本解**。$\boldsymbol{B}$ 称为**基矩阵**，简称**基**。$\boldsymbol{x}_B$ 的各分量称为**基变量**，基变量的全体 $x_{B_1},x_{B_2},\cdots,x_{B_m}$ 称为**一组基**。$\boldsymbol{x}_N$ 的各分量称为**非基变量**。若 $\boldsymbol{B}^{-1}\boldsymbol{b}\geqslant 0$，则称

$$\boldsymbol{x}=\begin{bmatrix}\boldsymbol{x}_B\\ \boldsymbol{x}_N\end{bmatrix}=\begin{bmatrix}\boldsymbol{B}^{-1}\boldsymbol{b}\\ \boldsymbol{0}\end{bmatrix}$$

为约束条件 $\boldsymbol{A}\boldsymbol{x}=\boldsymbol{b}$，$\boldsymbol{x}\geqslant 0$ 的**基本可行解**。相应地，称 $\boldsymbol{B}$ 为可行**基矩阵**，称 $x_{B_1},x_{B_2},\cdots,x_{B_m}$ 为**一组可行基**。

若 $\boldsymbol{B}^{-1}\boldsymbol{b}\geqslant 0$ 且至少有一个分量为零，则称基本可行解为**退化的基本可行解**。

若 $\boldsymbol{B}^{-1}\boldsymbol{b}>0$，则称基本可行解为**非退化的基本可行解**。

例 3.4 求下面线性规划问题的基本可行解：

$$\begin{aligned}&\min\ \ 2x_1+3x_2\\&\begin{cases}x_1+3x_2\geqslant 6\\ x_1-2x_2\leqslant 4\\ x_1\geqslant 0,\ \ x_2\geqslant 0\end{cases}\end{aligned} \tag{3.22}$$

解：引入松弛变量，将该线性规划问题标准化为

$$\begin{aligned}&\min\ \ 2x_1+3x_2\\&\begin{cases}x_1+3x_2-x_3=6\\ x_1-2x_2+x_4=4\\ x_1\geqslant 0,\ \ x_2\geqslant 0,\ \ x_3\geqslant 0,\ \ x_4\geqslant 0\end{cases}\end{aligned} \tag{3.23}$$

此时，方程的系数矩阵为

$$\boldsymbol{A}=\begin{pmatrix}1 & 3 & -1 & 0\\ 1 & -2 & 0 & 1\end{pmatrix} \tag{3.24}$$

基矩阵可以有 6 种情况，分别为

$$\boldsymbol{B}_1=\begin{pmatrix}1&3\\1&-2\end{pmatrix}\quad \boldsymbol{B}_2=\begin{pmatrix}1&-1\\1&0\end{pmatrix}\quad \boldsymbol{B}_3=\begin{pmatrix}1&0\\1&1\end{pmatrix}$$
$$\boldsymbol{B}_4=\begin{pmatrix}3&-1\\-2&0\end{pmatrix}\quad \boldsymbol{B}_5=\begin{pmatrix}3&0\\-2&1\end{pmatrix}\quad \boldsymbol{B}_6=\begin{pmatrix}-1&0\\0&1\end{pmatrix} \tag{3.25}$$

当 $\boldsymbol{B}=\boldsymbol{B}_1=\begin{pmatrix}1&3\\1&-2\end{pmatrix}$ 时，得 $\boldsymbol{B}_1^{-1}=-\frac{1}{5}\begin{pmatrix}-2&-3\\-1&1\end{pmatrix}$，$\boldsymbol{B}_1^{-1}\boldsymbol{b}=-\frac{1}{5}\begin{pmatrix}-2&-3\\-1&1\end{pmatrix}\begin{pmatrix}6\\4\end{pmatrix}=\begin{pmatrix}\frac{24}{5}\\\frac{2}{5}\end{pmatrix}$，因此，基本解为

$$\boldsymbol{x}^{(1)}=\left(\frac{24}{5},\frac{2}{5},0,0\right)^{\mathrm{T}} \tag{3.26}$$

以上为第一种求解方式。第二种求解方式：

$$\boldsymbol{B}_1\boldsymbol{X}_{B_1}=\boldsymbol{b}$$
$$\begin{pmatrix}1&3\\1&-2\end{pmatrix}\begin{pmatrix}x_1\\x_2\end{pmatrix}=\begin{pmatrix}6\\4\end{pmatrix}$$

此时，可以使用增广矩阵进行求解，对增广矩阵进行初等变换，过程为

$$\begin{pmatrix}1&3&6\\1&-2&4\end{pmatrix}\overset{\text{初等变换}}{\Rightarrow}\begin{pmatrix}1&3&6\\0&-5&-2\end{pmatrix}\Rightarrow\begin{pmatrix}1&3&6\\0&1&2/5\end{pmatrix}\Rightarrow\begin{pmatrix}1&0&24/5\\0&1&2/5\end{pmatrix}$$

因此，$x_1=24/5, x_2=2/5$，基本解为

$$\boldsymbol{x}^{(1)}=\left(\frac{24}{5},\frac{2}{5},0,0\right)^{\mathrm{T}}$$

同理可得，式（3.22)的基本解为

$$\boldsymbol{x}^{(1)}=(24/5\quad 2/5\quad 0\quad 0)^{\mathrm{T}}\ \ \boldsymbol{x}^{(2)}=(4\quad 0\quad -2\quad 0)^{\mathrm{T}}\ \ \boldsymbol{x}^{(3)}=(6\quad 0\quad 0\quad -2)^{\mathrm{T}}$$
$$\boldsymbol{x}^{(4)}=(0\quad -2\quad -12\quad 0)^{\mathrm{T}}\ \ \boldsymbol{x}^{(5)}=(0\quad 2\quad 0\quad 8)^{\mathrm{T}}\ \ \boldsymbol{x}^{(6)}=(0\quad 0\quad -6\quad 4)^{\mathrm{T}} \tag{3.27}$$

以上对所有的基矩阵都进行了计算，得到了 6 个基本解，其中只有 $\boldsymbol{x}^{(1)}$ 和 $\boldsymbol{x}^{(5)}$ 为基本可行解，其他的基本解中含有负分量，因此是不可行解。

由例 3.4 可以看出，由于基矩阵的个数有限，因此基本解只能存在有限个。当然，基本可行解也只能存在有限个。一般地，当 $\boldsymbol{A}$ 是 $m\times n$ 矩阵，且 $\boldsymbol{A}$ 的秩为 m 时，基本可行解的个数最多为

$$\mathrm{C}_n^m=\frac{n!}{m!(n-m)!} \tag{3.28}$$

线性规划问题的标准形式的解的关系如图 3.7 所示。

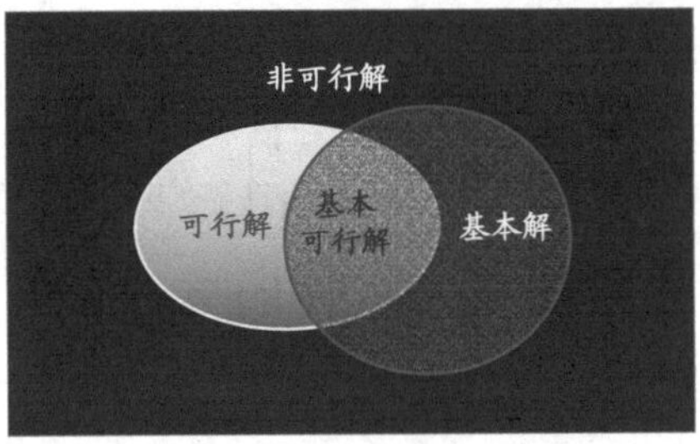

图 3.7　线性规划问题的标准形式的解的关系

下面对可行解、基本解和基本可行解进行举例说明。

例 3.5　求下面线性规划问题的基本可行解：

$$\begin{cases} \min\ \ 3x_1 - x_2 \\ x_1 + x_2 \leqslant 10 \\ x_1 \leqslant 8 \\ x_1, x_2 \geqslant 0 \end{cases} \tag{3.29}$$

解：将该线性规划问题转化为标准形式，即

$$\begin{cases} \min\ \ 3x_1 - x_2 \\ x_1 + x_2 + x_3 = 10 \\ x_1 + x_4 = 8 \\ x_1, x_2 \geqslant 0 \end{cases}$$

此时，方程的系数矩阵为

$$\boldsymbol{A} = \begin{pmatrix} 1 & 1 & 1 & 0 \\ 1 & 0 & 0 & 1 \end{pmatrix} \tag{3.30}$$

该线性规划问题的可行域如图 3.8 所示，基矩阵为

$$\begin{gathered} \boldsymbol{B}_1 = \begin{pmatrix} 1 & 1 \\ 1 & 0 \end{pmatrix} \quad \boldsymbol{B}_2 = \begin{pmatrix} 1 & 1 \\ 1 & 0 \end{pmatrix} \quad \boldsymbol{B}_3 = \begin{pmatrix} 1 & 0 \\ 1 & 1 \end{pmatrix} \\ \boldsymbol{B}_4 = \begin{pmatrix} 1 & 0 \\ 0 & 1 \end{pmatrix} \quad \boldsymbol{B}_5 = \begin{pmatrix} 1 & 0 \\ 0 & 1 \end{pmatrix} \end{gathered} \tag{3.31}$$

计算得到

$$\begin{aligned} &\boldsymbol{x}^{(1)} = \boldsymbol{x}^{(2)} = \boldsymbol{x}^{(3)} = (10 \quad 0 \quad 0 \quad 0)^{\mathrm{T}} \\ &\boldsymbol{x}^{(4)} = (0 \quad 10 \quad 0 \quad 10)^{\mathrm{T}} \\ &\boldsymbol{x}^{(5)} = (0 \quad 0 \quad 10 \quad 10)^{\mathrm{T}} \end{aligned} \tag{3.32}$$

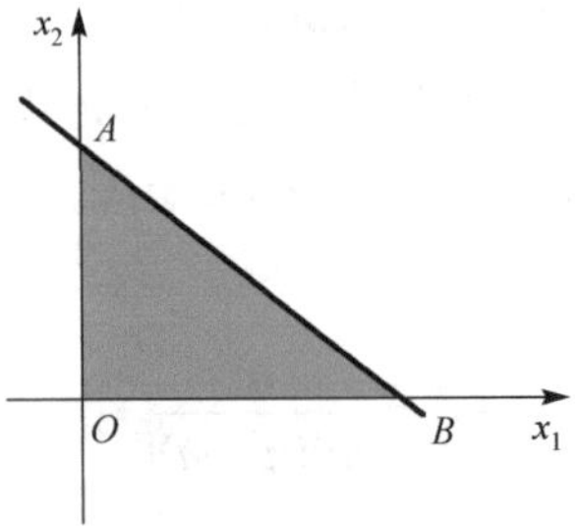

图 3.8　线性规划问题的可行域

3.3.2　线性规划的基本性质

关于线性规划问题的可行域、最优解，有以下重要定理和性质。

定理 3.1　线性规划问题的可行域 $R=\{\boldsymbol{X}|\boldsymbol{AX}=\boldsymbol{b},\ \boldsymbol{X}\geqslant 0\}$ 是凸集。

证明：任取 $\boldsymbol{X}^1,\boldsymbol{X}^2\in R$，则有

$$\boldsymbol{AX}^1=\boldsymbol{b},\ \boldsymbol{AX}^2=\boldsymbol{b}$$

$$\boldsymbol{A}[\alpha\boldsymbol{X}^1+(1-\alpha)\boldsymbol{X}^2]=\alpha\boldsymbol{AX}^1+(1-\alpha)\boldsymbol{AX}^2=\alpha\boldsymbol{b}+(1-\alpha)\boldsymbol{b}=\boldsymbol{b}$$

因此，$\alpha\boldsymbol{X}^1+(1-\alpha)\boldsymbol{X}^2\in R$。根据凸集的定义可以得出，线性规划问题的可行域 $R=\{\boldsymbol{X}|\boldsymbol{AX}=\boldsymbol{b},\ \boldsymbol{X}\geqslant 0\}$ 是凸集。

例 3.6　画出下列线性规划问题的可行域：

$$\begin{aligned}&\max\ z=3x_1+2x_2\\&\text{s.t.}\ \ x_1+3x_2\leqslant 6\\&\qquad x_1-2x_2\leqslant 4\\&\qquad x_1,x_2\geqslant 0\end{aligned}\tag{3.33}$$

在该线性规划问题中，约束条件均为线性等式和不等式，满足这些条件的点的集合为阴影部分 P，P 是凸集，如图 3.9 所示。

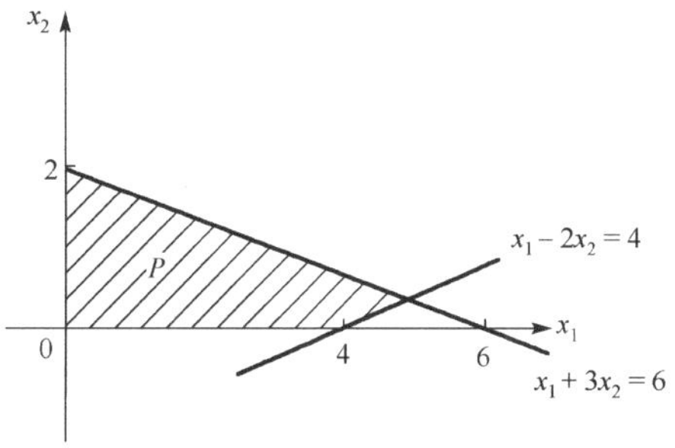

图 3.9　例 3.6 图

3.4　用 LINGO 软件求解线性规划问题

前面介绍了通过基本可行解求解线性规划问题的最优解方法。但是，当变量个数 n 和约束条件个数 m 比较大时，这种方法会非常复杂。

本节介绍用 LINGO 软件求解线性规划问题。关于 LINGO 软件的使用方法，读者可以参考相关图书[2]，理解 LINGO 软件的求解过程。下面使用例 3.7 对 LINGO 软件求解线性规划问题进行介绍。

例 3.7　用 LINGO 软件求解下列线性规划问题：

$$\begin{aligned}&\max\ z=2x_1+5x_2\\&\text{s.t.}\ \ x_1\leqslant 4\\&\qquad x_2\leqslant 3\\&\qquad x_1+2x_2\leqslant 8\\&\qquad x_1\geqslant 0,x_2\geqslant 0\end{aligned}\tag{3.34}$$

解：写出相应的 LINGO 程序，程序名为 exa231.lg4：

```
max z=2*x1+5*x2
x1<=4;
x2<=3;
x1+2*x2<=8;
```

程序中的 max 表示求极大值(极小值用 min)，每个语句必须用分号(;)结束。在用 LINGO 软件进行求解时，不必将线性规划问题转化为标准形式。从上面的程序可以看出，LINGO 程序与线性规划模型没有太大的差别，并且不用写非负限制，因为 LINGO 软件认为所有变量都是非负的，所以不再对变量进行重复要求。

LINGO 程序的运行结果如下：

```
Global optimal solution found.
Objective value:        19.00000
Total solver iterations:  1

Variable          Value              Reduced Cost
x1                2.0000             0.0000
x2                 3.0000            0.0000
Row               Slack or Surplus   Dual Price
1                 19.0000            1.0000
2                 2.0000             0.0000
3                 0.0000             1.0000
4                 0.0000             2.0000
```

在上述的运行结果中，一共有 3 部分。

第 1 部分有 3 行，第 1 行表示已求出全局最优解；第 2 行表示最优目标函数值，即 $z^*=19$；第 3 行是求解用的迭代次数，即迭代了 1 次。

第 2 部分有 3 列：第 1 列的 Variable 表示变量名，这里是两个变量，即 x_1 和 x_2；第 2 列的 Value 表示达到最优解时变量的值，即 x_1=2，x_2=3；第 3 列的 Reduced Cost 表示检验数，由于 x_1 和 x_2 是基变量，因此对应的检验数为 0。

第 3 部分也有 3 列：第 1 列的 Row 表示行，第 1 行是目标，第 2～4 行是线性规划问题的 3 个约束条件；第 2 列的 Slack or Surplus 表示松弛变量或剩余变量；第 3 列的 Dual Price 表示对偶价格，即影子价格。关于结果部分的详细解释，请参考文献[2]。

3.5 用 MATLAB 求解线性规划问题

在 MATLAB 优化工具箱中，求解线性规划问题的命令为 linprog[3]，其完整的调用格式如下：

```
[x,fval,exitflag,output,lambda]=linprog(c,A,b,Ae,be,lb,ub,x0,options)
```

输入参数：参数 c 表示目标函数中的常向量，参数 A 和 b 表示满足线性关系式 $\boldsymbol{Ax}\leqslant\boldsymbol{b}$ 的系数矩阵，参数 Ae 和 be 表示满足线性等式 $\boldsymbol{Ax}=\boldsymbol{b}$ 的矩阵，参数 lb 和 ub 分别表示满足参数取值范围的上界与下界；x0 表示优化的初始值，参数 options 表示优化的其他属性设置。

输出参数：参数 exitflag 表示程序退出优化运算的类型；参数 output 包含多种关于优化的信息，如 iterations 等；参数 lambda 表示各种约束问题的拉格朗日参数值。

例 3.8　用 MATLAB 求解下列线性规划问题：

$$f(x)=-3x_1-2x_2$$
$$\text{s.t.}\begin{cases}3x_1+4x_2\leqslant 7\\2x_1+x_2\leqslant 3\\-3x_1+2x_2=2\\0\leqslant x_1,x_2\leqslant 10\end{cases}\tag{3.35}$$

在 MATLAB 的命令窗口中输入下面的程序代码：

```
x0=[0 0]';
c=[-3 -2]';
A=[3 4;2 1];
b=[7 3]';
Ae=[-3 2];
be=2;
lb=[0 0]';
ub=[10 10]';
[x,fval,exitflag,output,lambda]=linprog(c,A,b,Ae,be,lb,ub,x0);
```

运行结果：最优解为 $\boldsymbol{x}=(0.33,1.5)^{\mathrm{T}}$；最优值为 $f=-4$。

习　题

1．用图解法求解下列线性规划问题

（1）$\min\ 5x_1-6x_2$

$$\text{s.t.}\begin{cases}x_1+2x_2\leqslant 10\\2x_1-x_2\leqslant 5\\x_1-4x_2\leqslant 5\\x_1,x_2\geqslant 0\end{cases}$$

（2）$\min\ -x_1+x_2$

$$\text{s.t.}\begin{cases}3x_1-7x_2\geqslant 8\\x_1-x_2\leqslant 5\\x_1,x_2\geqslant 0\end{cases}$$

（3）$\min\ 13x_1+5x_2$

$$\text{s.t.}\begin{cases}7x_1+3x_2\geqslant 19\\10x_1+2x_2\leqslant 11\\x_1,x_2\geqslant 0\end{cases}$$

（4）$\max\ -20x_1+10x_2$

$$\text{s.t.}\begin{cases}x_1+x_2\geqslant 10\\-10x_1+x_2\leqslant 10\\-5x_1+5x_2\leqslant 25\\x_1+4x_2\geqslant 20\\x_1,x_2\geqslant 0\end{cases}$$

2．下列线性规划问题都存在最优解，试通过求其基本可行解来确定其最优解。

（1）$\max\ 2x_1+5x_2$

$$\text{s.t.}\begin{cases}x_1+2x_2+x_3=16\\2x_1+x_2+x_4=12\\x_j\geqslant 0,\ j=1,2,\cdots,4\end{cases}$$

（2）$\min\ -2x_1+x_2+x_3+10x_4$

$$\text{s.t.}\begin{cases}-x_1+x_2+x_3+x_4=20\\2x_1-x_2+2x_4=10\\x_j\geqslant 0,\ j=1,2,\cdots,4\end{cases}$$

（3） $\min\ x_1 - x_2$

$$\text{s.t.}\begin{cases} x_1 + x_2 + x_3 \leqslant 5 \\ -x_1 + x_2 + 2x_3 \leqslant 6 \\ x_1, x_2, x_3 \geqslant 0 \end{cases}$$

3. 设 $\boldsymbol{x}^{(0)} = (x_1^{(0)}, x_2^{(0)}, \cdots, x_n^{(0)})^{\mathrm{T}}$ 是 $\boldsymbol{Ax} = \boldsymbol{b}$ 的一个解，其中 $\boldsymbol{A} = (p_1, p_2, \cdots, p_n)$ 是 $m \times n$ 矩阵，$\boldsymbol{A}$ 的秩为 m。证明 $\boldsymbol{x}^{(0)}$ 是基本解的充要条件为 $\boldsymbol{x}^{(0)}$ 的非零分量 $x_{i_1}^{(0)}, x_{i_2}^{(0)}, \cdots, x_{i_s}^{(0)}$ 对应的列 $p_{i_1}, p_{i_2}, \cdots, p_{i_s}$ 线性无关。

4. 已知线性规划问题为

$$\begin{aligned} \max\ z = {} & c_1 x_1 + c_2 x_2 \\ \text{s.t.}\quad & 5x_2 \leqslant 15 && l_1 \\ & 6x_1 + 2x_2 \leqslant 24 && l_2 \\ & x_1 + x_2 \leqslant 5 && l_3 \\ & x_1, x_2 \geqslant 0 \end{aligned}$$

其可行域如图 3.10 所示。

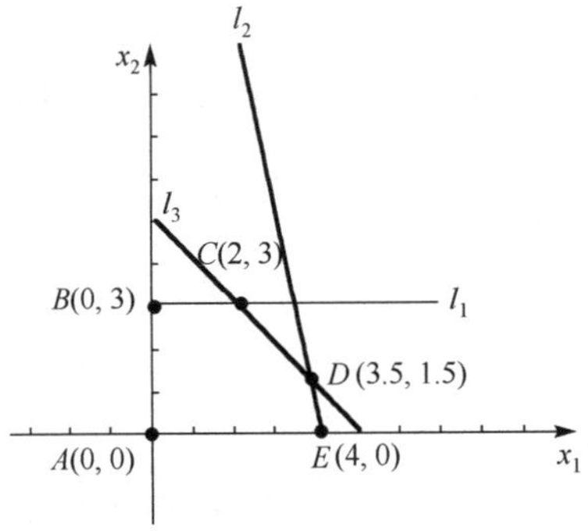

图 3.10 可行域

讨论 c_1 和 c_2 的值如何变化可以使该线性规划问题的可行域的每个极点依次使目标函数达到最优？

第 4 章 单纯形方法

本章介绍求解线性规划问题常用的计算方法——单纯形方法。该方法是 George Bernard Dantzig 在 1947 年提出的，后来人们进行了一些改进，形成许多变种。第 3 章介绍了图解法能够求解两变量线性规划问题，具有简单、直观的优点。然而，对于多个变量，图解法就无法求解了。因此，需要一种求解线性规划问题的一般性方法。单纯形方法就是一种使用方便、应用广泛的线性规划问题求解方法，已成为线性规划问题的核心内容[1]。

4.1 单纯形方法的原理

4.1.1 单纯形方法的基本思想

单纯形方法的基本思想：从线性规划问题（标准形式）的一个基本可行解出发，沿使目标函数值减小的方向进行换基迭代，求解新的基本可行解，直至满足最优性条件，找到最优解。只要这个线性规划问题有最优解，通过有限步迭代后，就可以求出最优解。

单纯形方法的基本思想如图 4.1 所示，主要包括以下步骤。

（1）将线性规划问题转化为标准形式。

（2）得到初始基本可行解。

（3）首先判断最优性条件，如果满足该条件，则当前解即最优解，否则进行换基迭代，得到新的基本可行解；然后重复步骤（3）。

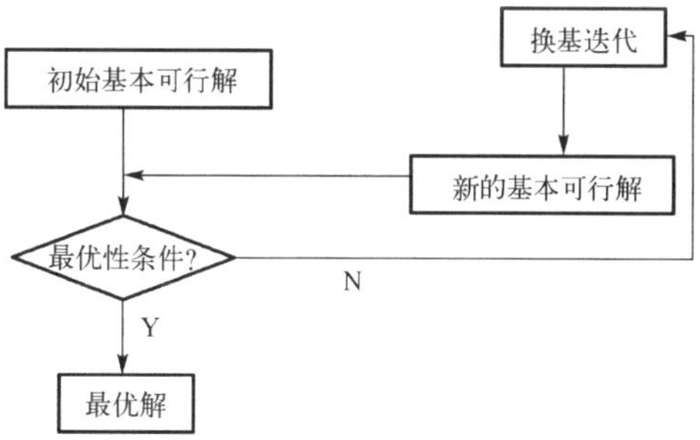

图 4.1 单纯形方法的基本思想

在单纯形方法的 3 个步骤中，有如下关键问题需要解决。

（1）最优性条件是什么，即如何判断当前解就是最优解。

（2）如何进行换基迭代，即如何选择进基变量，使目标函数值减小最多。如何选择离基变量，进行换基运算。

4.1.2 最优性条件

现有以下线性规划问题：

$$\begin{aligned}\min\ & f \stackrel{\text{def}}{=} \boldsymbol{cx}\\ \text{s.t.}\ & \boldsymbol{Ax}=\boldsymbol{b}\\ & \boldsymbol{x}\geqslant \boldsymbol{0}\end{aligned} \tag{4.1}$$

其中，$\boldsymbol{A}$ 是 $m\times n$ 矩阵，其秩为 m；$\boldsymbol{c}$ 是 n 维行向量；$\boldsymbol{x}$ 是 n 维列向量；$\boldsymbol{b}\geqslant 0$ 是 m 维列向量；符号“$\stackrel{\text{def}}{=}$”表示右端的表达式是左端的定义式，即目标函数 f 的具体形式是 $\boldsymbol{cx}$（后面遇到此符号时，其含义相同）。

记

$$\boldsymbol{A}=(\boldsymbol{P}_1,\boldsymbol{P}_2,\cdots,\boldsymbol{P}_n) \tag{4.2}$$

现将 $\boldsymbol{A}$ 分解成$[\boldsymbol{B}\quad \boldsymbol{N}]$（可能经列调换），使得 $\boldsymbol{B}$ 是基矩阵，$\boldsymbol{N}$ 是非基矩阵，并设

$$\boldsymbol{x}^{(0)}=\begin{bmatrix}\boldsymbol{B}^{-1}\boldsymbol{b}\\ \boldsymbol{0}\end{bmatrix} \tag{4.3}$$

是基本可行解，则 $\boldsymbol{x}^{(0)}$ 处的目标函数值为

$$\begin{aligned}f_0=\boldsymbol{cx}^{(0)}&=(\boldsymbol{c}_B,\boldsymbol{c}_N)\begin{bmatrix}\boldsymbol{B}^{-1}\boldsymbol{b}\\ \boldsymbol{0}\end{bmatrix}\\ &=\boldsymbol{c}_B\boldsymbol{B}^{-1}\boldsymbol{b}\end{aligned} \tag{4.4}$$

其中，$\boldsymbol{c}_B$ 是 $\boldsymbol{c}$ 中与基变量对应的分量组成的 m 维行向量；$\boldsymbol{c}_N$ 是 $\boldsymbol{c}$ 中与非基变量对应的分量组成的 $n-m$ 维行向量。

设

$$\boldsymbol{x}=\begin{bmatrix}\boldsymbol{x}_B\\ \boldsymbol{x}_N\end{bmatrix} \tag{4.5}$$

是任意一个可行解，则由 $\boldsymbol{Ax}=\boldsymbol{b}$ 可得

$$\boldsymbol{x}_B=\boldsymbol{B}^{-1}\boldsymbol{b}-\boldsymbol{B}^{-1}\boldsymbol{N}\boldsymbol{x}_N \tag{4.6}$$

点 $\boldsymbol{x}$ 处的目标函数值为

$$\begin{aligned}f=\boldsymbol{cx}&=(\boldsymbol{c}_B,\boldsymbol{c}_N)\begin{bmatrix}\boldsymbol{x}_B\\ \boldsymbol{x}_N\end{bmatrix}\\ &=\boldsymbol{c}_B\boldsymbol{x}_B+\boldsymbol{c}_N\boldsymbol{x}_N\\ &=\boldsymbol{c}_B(\boldsymbol{B}^{-1}\boldsymbol{b}-\boldsymbol{B}^{-1}\boldsymbol{N}\boldsymbol{x}_N)+\boldsymbol{c}_N\boldsymbol{x}_N\\ &=\boldsymbol{c}_B\boldsymbol{B}^{-1}\boldsymbol{b}-(\boldsymbol{c}_B\boldsymbol{B}^{-1}\boldsymbol{N}-\boldsymbol{c}_N)\boldsymbol{x}_N\\ &=f_0-\sum_{j\in R}(\boldsymbol{c}_B\boldsymbol{B}^{-1}\boldsymbol{p}_j-c_j)x_j\\ &=f_0-\sum_{j\in R}(z_j-c_j)x_j\end{aligned} \tag{4.7}$$

其中，R 为非基变量下标集；$\boldsymbol{p}_j$ 为非基变量对应系数矩阵 $\boldsymbol{A}$ 中的列；z_j 为

$$z_j=\boldsymbol{c}_B\boldsymbol{B}^{-1}\boldsymbol{p}_j \tag{4.8}$$

根据式（4.7）可以得出，如果 $\forall j \in R$，$z_j - c_j \leqslant 0$，则 $f \geqslant f_0$，即当前解为最优解，最优解为 $\boldsymbol{x}^{(0)} = \begin{bmatrix} \boldsymbol{B}^{-1}\boldsymbol{b} \\ \boldsymbol{0} \end{bmatrix}$，最优值为 $f_0 = \boldsymbol{c}_B \boldsymbol{B}^{-1}\boldsymbol{b}$。因此，$\boldsymbol{c}_B \boldsymbol{B}^{-1}\boldsymbol{N} - \boldsymbol{c}_N \leqslant \boldsymbol{0}$ 为最优性条件。

定理 4.1　在极小化问题中，对于某个基本可行解，若 $z_j - c_j \leqslant 0$，则这个基本可行解是最优解；在极大化问题中，对于某个基本可行解，若 $z_j - c_j \geqslant 0$，则这个基本可行解是最优解。其中

$$z_j - c_j = \boldsymbol{c}_B \boldsymbol{B}^{-1}\boldsymbol{p}_j - c_j,\ j = 1,2,\cdots,n \tag{4.9}$$

在线性规划问题中，通常称 $z_j - c_j$ 为**判别数或检验数**。

4.1.3　基本可行解的转换

若线性规则问题（标准形式）有最优解，则必存在最优基本可行解。因此，求解线性规划问题可以归结为寻找最优基本可行解。单纯形方法的基本思想就是从一个基本可行解出发，求一个使目标函数值有所改善的基本可行解，通过不断改进基本可行解，力图达到最优基本可行解。基本可行解转换的关键是寻找一个进基变量和一个离基变量，使新的基矩阵得到的基本可行解能够让目标函数值减小。下面分析怎样实现这种基本可行解的转换。

考虑线性规划问题式（4.1），现在分析怎样从基本可行解 $\boldsymbol{x}^{(0)}$ 出发，求一个改进的基本可行解。

（1）如何从当前的非基变量中选择进基变量？

考虑线性规划问题式（4.1），设

$$\boldsymbol{x}^{(0)} = \begin{bmatrix} \boldsymbol{B}^{-1}\boldsymbol{b} \\ \boldsymbol{0} \end{bmatrix} \tag{4.10}$$

是基本可行解，则 $\boldsymbol{x}^{(0)}$ 处的目标函数值为

$$\begin{aligned} f_0 &= \boldsymbol{c}\boldsymbol{x}^{(0)} = (\boldsymbol{c}_B, \boldsymbol{c}_N)\begin{bmatrix} \boldsymbol{B}^{-1}\boldsymbol{b} \\ \boldsymbol{0} \end{bmatrix} \\ &= \boldsymbol{c}_B \boldsymbol{B}^{-1}\boldsymbol{b} \end{aligned} \tag{4.11}$$

根据 4.1.1 节的分析，由式（4.7）可知，如果存在 $\forall j \in R$，使得 $z_j - c_j \geqslant 0$，则适当选取自由未知数 x_j（$j \in R$）的数值可能使得

$$\sum_{j \in R} (z_j - c_j) x_j > 0 \tag{4.12}$$

从而得到使目标函数值减小的新的基本可行解。为此，在原来的 $n-m$ 个非基变量中，使 $n-m-1$ 个非基变量取零，而令一个非基变量，如 x_k 增大，即取正数。那么，如何确定下标 k 呢？根据式（4.7），当 x_j（$j \in R$）取值相同时，$z_j - c_j$（正数）越大，目标函数值减小得越多，因此选择 x_k，使得

$$\mathrm{z}_k - c_k = \max_{j \in R}\{z_j - c_j\} \tag{4.13}$$

这里假设 $z_k - c_k > 0$。x_k 由零变成正数后，得到方程组 $\boldsymbol{A}\boldsymbol{x} = \boldsymbol{b}$ 的解为

$$\boldsymbol{x}_B = \boldsymbol{B}^{-1}\boldsymbol{b} - \boldsymbol{B}^{-1}\boldsymbol{p}_k x_k = \bar{\boldsymbol{b}} - \boldsymbol{y}_k x_k \tag{4.14}$$

其中，$\bar{\boldsymbol{b}}$ 和 $\boldsymbol{y}_k$ 是 m 维列向量，$\bar{\boldsymbol{b}} = \boldsymbol{B}^{-1}\boldsymbol{b}$，$\boldsymbol{y}_k = \boldsymbol{B}^{-1}\boldsymbol{p}_k$。把 $\boldsymbol{x}_B$ 按分量写出，即

$$\boldsymbol{x}_B = \begin{bmatrix} x_{B_1} \\ x_{B_2} \\ \vdots \\ x_{B_m} \end{bmatrix} = \begin{bmatrix} \bar{b}_1 \\ \bar{b}_2 \\ \vdots \\ \bar{b}_m \end{bmatrix} - \begin{bmatrix} y_{1k} \\ y_{2k} \\ \vdots \\ y_{mk} \end{bmatrix} x_k \tag{4.15}$$

$$\boldsymbol{x}_N = (0,\cdots,0,x_k,0,\cdots,0)^{\mathrm{T}} \tag{4.16}$$

新得到的点的目标函数值为

$$f = f_0 - (z_k - c_k)x_k \tag{4.17}$$

因此，x_k 为进基变量。

（2）如何从当前的基变量中选择离基变量？

考虑 x_k 的取值，根据式（4.17），x_k 取值越大，目标函数值减小得越多。然而，根据式（4.15），x_k 的取值受可行性的限制，不能无限增大（当 $\boldsymbol{y}_k \not\leqslant \boldsymbol{0}$ 时）。对某个 i，当 $y_{ik} \leqslant 0$，且 x_k 取任意正数时，$x_{B_i} \geqslant 0$ 总成立；而当 $y_{ik} > 0$ 时，为保证

$$x_{B_i} = \bar{b}_i - y_{ik}x_k \geqslant 0 \tag{4.18}$$

x_k 必须取值为

$$x_k \leqslant \frac{\bar{b}_i}{y_{ik}} \tag{4.19}$$

因此，为使 $\boldsymbol{x}_B \geqslant \boldsymbol{0}$，应令

$$x_k = \min\left\{ \frac{\bar{b}_i}{y_{ik}} \middle| y_{ik} > 0 \right\} = \frac{\bar{b}_r}{y_{rk}} \tag{4.20}$$

x_k 取值为 $\bar{b}_r / y_{rk}$ 后，原来的基变量 $x_{B_r} = 0$，得到新的可行解为

$$\boldsymbol{x} = (x_{B_1},\cdots,x_{B_{r-1}},0,x_{B_{r+1}},0,\cdots,x_k,0,\cdots,0)^{\mathrm{T}} \tag{4.21}$$

这个解一定是基本可行解，因为原来的基矩阵

$$\boldsymbol{B} = (\boldsymbol{p}_{B_1},\boldsymbol{p}_{B_2},\cdots,\boldsymbol{p}_{B_r},\cdots,\boldsymbol{p}_{B_m}) \tag{4.22}$$

中的 m 个列是线性无关的，其中不包含 $\boldsymbol{p}_k$。由于 $\boldsymbol{y}_k = \boldsymbol{B}^{-1}\boldsymbol{p}_k$，因此有

$$\boldsymbol{p}_k = \boldsymbol{B}_{y_k} = \sum_{i=1}^{m} y_{ik}\boldsymbol{p}_{B_i} \tag{4.23}$$

即 $\boldsymbol{p}_k$ 是向量组 $\boldsymbol{p}_{B_1},\boldsymbol{p}_{B_2},\cdots,\boldsymbol{p}_{B_r},\cdots,\boldsymbol{p}_{B_m}$ 的线性组合，且系数 $y_{ik} \neq 0$。因此，用 $\boldsymbol{p}_k$ 取代 $\boldsymbol{p}_{B_r}$ 后，得到的向量组

$$\boldsymbol{p}_{B_1},\boldsymbol{p}_{B_2},\cdots,\boldsymbol{p}_k,\cdots,\boldsymbol{p}_{B_m} \tag{4.24}$$

也是线性无关的。因此，新的可行解 $\boldsymbol{x}$ 的正分量对应的列线性无关，$\boldsymbol{x}$ 为基本可行解。因此，

x_{B_r} 为离基变量。

经上述转换，x_k 由原来的非基变量变成基变量，而原来的基变量 x_{B_r} 变成非基变量。在新的基本可行解处，目标函数值比原来减小了 $(z_k - c_k)x_k$。重复以上过程，可以进一步改进基本可行解，直至式（4.7）中的所有 $z_j - c_j$ 均为非正数。此时，任何一个非基变量取正值，都不能使目标函数值减小，即找到最优解。

4.1.4　单纯形方法的计算步骤

对于标准形式的线性规划问题，下面以极小化问题为例，给出单纯形方法的计算步骤。首先给定一个初始基本可行解。设初始基矩阵为 $\boldsymbol{B}$，并执行下列主要步骤。

（1）根据 $\boldsymbol{B}\boldsymbol{x}_B = \boldsymbol{b}$，求得 $\boldsymbol{x}_B = \boldsymbol{B}^{-1}\boldsymbol{b} = \bar{\boldsymbol{b}}$，令 $\boldsymbol{x}_N = \boldsymbol{0}$，计算目标函数值 $f = \boldsymbol{c}_B\boldsymbol{x}_B$。

（2）求单纯形乘子 $\boldsymbol{w}$。根据 $\boldsymbol{w}\boldsymbol{B} = \boldsymbol{c}_B$，得到 $\boldsymbol{w} = \boldsymbol{c}_B\boldsymbol{B}^{-1}$。对于所有非基变量，计算判别数 $z_j - c_j = \boldsymbol{w}\boldsymbol{p}_j - c_j$，令

$$z_k - c_k = \max_{j \in R}\{z_j - c_j\} \tag{4.25}$$

若 $z_k - c_k \leqslant 0$，则对于所有非基变量 $z_j - c_j \leqslant 0$，其对应的基变量的判别数总为零，因此，停止计算，现行基本可行解就是最优解；否则，x_k 为进基变量，进行步骤（3）。

（3）根据 $\boldsymbol{B}\boldsymbol{y}_k = \boldsymbol{p}_k$，得到 $y_k = \boldsymbol{B}^{-1}\boldsymbol{p}_k$，若 $\boldsymbol{y}_k \leqslant \boldsymbol{0}$，即 $\boldsymbol{y}_k$ 的每个分量均为非正数，则停止计算，线性规划问题不存在有限最优解；否则，进行步骤（4）。

（4）确定离基变量的下标 r，使得

$$\frac{\bar{b}_r}{y_{rk}} = \min\left\{\frac{\bar{b}_i}{y_{ik}}\middle| y_{ik} > 0\right\} \tag{4.26}$$

此时，x_{B_r} 为离基变量。

（5）用 $\boldsymbol{p}_k$ 替换 $\boldsymbol{p}_{B_r}$，得到新的基矩阵 $\boldsymbol{B}$，返回步骤（1）。

对于极大化问题，可给出完全类似的步骤，只是确定进基变量的准则不同，应令

$$z_k - c_k = \min_{j \in R}\{z_j - c_j\} \tag{4.27}$$

例 4.1　用单纯形方法求解下列线性规划问题：

$$\begin{aligned}
\min\quad & -4x_1 - x_2 \\
\text{s. t.}\quad & -x_1 + 2x_2 \leqslant 4 \\
& 2x_1 + 3x_2 \leqslant 12 \\
& x_1 - x_2 \leqslant 3 \\
& x_1, x_2 \geqslant 0
\end{aligned} \tag{4.28}$$

解：为了用单纯形方法求解上述线性规划问题，首先引入松弛变量 x_3、x_4和x_5，把线性规划问题转化为标准形式，即

$$\begin{aligned}
\min\quad & -4x_1 - x_2 \\
\text{s.t.}\quad & -x_1 + 2x_2 + x_3 = 4 \\
& 2x_1 + 3x_2 + x_4 = 12 \\
& x_1 - x_2 + x_5 = 3 \\
& x_j \geqslant 0,\ j = 1,2,\cdots,5
\end{aligned} \tag{4.29}$$

给出约束方程的系数矩阵，即

$$A=(p_1,p_2,p_3,p_4,p_5)=\begin{bmatrix}-1&2&1&0&0\\2&3&0&1&0\\1&-1&0&0&1\end{bmatrix} \tag{4.30}$$

下面进行第一次迭代。

为了简化计算，初始选择 p_3,p_4,p_5 构成基矩阵，即 $B=(p_3,p_4,p_5)=\begin{bmatrix}1&0&0\\0&1&0\\0&0&1\end{bmatrix}$，则 $B^{-1}=\begin{bmatrix}1&0&0\\0&1&0\\0&0&1\end{bmatrix}$，求得 $x_B=\begin{bmatrix}x_3\\x_4\\x_5\end{bmatrix}=\begin{bmatrix}4\\12\\3\end{bmatrix}$，$x_N=\begin{bmatrix}x_1\\x_2\end{bmatrix}=\begin{bmatrix}0\\0\end{bmatrix}$，$c_B=(0,0,0)$。

当前的目标函数值为 $f_1=c_Bx_B=(0,0,0)(4,12,3)^{\mathrm{T}}=0$。

计算单纯形乘子，即 $w=c_BB^{-1}=(0,0,0)\begin{bmatrix}1&0&0\\0&1&0\\0&0&1\end{bmatrix}=(0,0,0)$。$z_1-c_1=wp_1-c_1=(0,0,0)(-1,2,1)^{\mathrm{T}}+4=4$，$z_2-c_2=wp_2-c_2=(0,0,0)(2,3,-1)^{\mathrm{T}}+1=1$。

由于对应基变量的判别数均为零，因此最大判别数是 $z_1-c_1=4$，x_1 为进基变量。下面计算 y_1：

$$y_1=B^{-1}p_1=\begin{bmatrix}1&0&0\\0&1&0\\0&0&1\end{bmatrix}\begin{bmatrix}-1\\2\\1\end{bmatrix}=\begin{bmatrix}-1\\2\\1\end{bmatrix} \tag{4.31}$$

$$\bar{b}=x_B=(4,12,3)^{\mathrm{T}}$$

根据式（4.20）确定下标 r：

$$\frac{\bar{b}_r}{y_{r1}}=\min\left\{\frac{\bar{b}_2}{y_{21}},\frac{\bar{b}_3}{y_{31}}\right\}=\min\left\{\frac{12}{3},\frac{3}{1}\right\}=\frac{3}{1} \tag{4.32}$$

因此，$r=3$。x_B 中的第三个分量 x_5 为离基变量，x_1 为进基变量，即

$$x_1=\bar{b}_3/y_{31}=3 \tag{4.33}$$

用 p_1 替换 p_5，得到新的基矩阵，进行下一次迭代。

下面进行第二次迭代。

用 p_1 代替 p_5，得到新的基矩阵 $B=(p_3,p_4,p_1)=\begin{bmatrix}1&0&-1\\0&1&2\\0&0&1\end{bmatrix}$，则 $B^{-1}=\begin{bmatrix}1&0&1\\0&1&-2\\0&0&1\end{bmatrix}$，$x_B=\begin{bmatrix}x_3\\x_4\\x_1\end{bmatrix}=\begin{bmatrix}7\\6\\3\end{bmatrix}=\begin{bmatrix}\bar{b}_1\\\bar{b}_2\\\bar{b}_3\end{bmatrix}$，$x_N=\begin{bmatrix}x_2\\x_5\end{bmatrix}=\begin{bmatrix}0\\0\end{bmatrix}$，$c_B=(0,0,-4)$。

新的目标函数值为 $f_2 = \boldsymbol{c}_B \boldsymbol{x}_B = (0,0,-4)(7,6,3)^{\mathrm{T}} = -12$。

计算单纯形乘子，即 $\boldsymbol{w} = \boldsymbol{c}_B \boldsymbol{B}^{-1} = (0,0,-4)\begin{bmatrix} 1 & 0 & 1 \\ 0 & 1 & -2 \\ 0 & 0 & 1 \end{bmatrix} = (0,0,-4)$，$z_2 - c_2 = \boldsymbol{w}\boldsymbol{p}_2 - c_2 = (0,0,-4)(2,3,-1)^{\mathrm{T}} + 1 = 5$，$z_5 - c_5 = \boldsymbol{w}\boldsymbol{p}_5 - c_5 = (0,0,-4)(0,0,1)^{\mathrm{T}} - 0 = -4$。

由于最大判别数为 $z_2 - c_2 = 5$，因此，x_2 为进基变量。下面计算 $\boldsymbol{y}_2$：

$$\boldsymbol{y}_2 = \boldsymbol{B}^{-1}\boldsymbol{p}_2 = \begin{bmatrix} 1 & 0 & 1 \\ 0 & 1 & -2 \\ 0 & 0 & 1 \end{bmatrix}\begin{bmatrix} 2 \\ 3 \\ -1 \end{bmatrix} = \begin{bmatrix} 1 \\ 5 \\ -1 \end{bmatrix} \tag{4.34}$$

$$\frac{\bar{b}_r}{y_{r2}} = \min\left\{\frac{7}{1}, \frac{6}{5}\right\} = \frac{6}{5} = \frac{\bar{b}_2}{y_{22}}$$

因此，$x_{B_r} = x_4$ 为离基变量，x_2 为进基变量。用 $\boldsymbol{p}_2$ 替换 $\boldsymbol{p}_4$，得到新的基矩阵，并进行下一次迭代。

下面进行第三次迭代。

用 $\boldsymbol{p}_2$ 替换 $\boldsymbol{p}_4$，得到的新的基矩阵 $\boldsymbol{B} = (\boldsymbol{p}_3, \boldsymbol{p}_2, \boldsymbol{p}_1) = \begin{bmatrix} 1 & 2 & -1 \\ 0 & 3 & 2 \\ 0 & -1 & 1 \end{bmatrix}$，则 $\boldsymbol{B}^{-1} = \begin{bmatrix} 1 & -\frac{1}{5} & \frac{7}{5} \\ 0 & \frac{1}{5} & -\frac{2}{5} \\ 0 & \frac{1}{5} & \frac{3}{5} \end{bmatrix}$，

$$\boldsymbol{x}_B = \begin{bmatrix} x_3 \\ x_2 \\ x_1 \end{bmatrix} = \begin{bmatrix} \frac{29}{5} \\ \frac{6}{5} \\ \frac{21}{5} \end{bmatrix}, \quad \boldsymbol{x}_N = \begin{bmatrix} x_4 \\ x_5 \end{bmatrix} = \begin{bmatrix} 0 \\ 0 \end{bmatrix}, \quad \boldsymbol{c}_B = (0,-1,-4)。$$

新的目标函数值为 $f_3 = \boldsymbol{c}_B \boldsymbol{x}_B = (0,-1,-4)\left(\frac{29}{5}, \frac{6}{5}, \frac{21}{5}\right)^{\mathrm{T}} = -18$。

计算单纯形乘子，即 $\boldsymbol{w} = \boldsymbol{c}_B \boldsymbol{B}^{-1} = (0,-1,-4)\begin{bmatrix} 1 & -\frac{1}{5} & \frac{7}{5} \\ 0 & \frac{1}{5} & -\frac{2}{5} \\ 0 & \frac{1}{5} & \frac{3}{5} \end{bmatrix} = (0,-1,-2)$，$z_4 - c_4 = \boldsymbol{w}\boldsymbol{p}_4 - c_4 = (0,-1,-2)(0,1,0)^{\mathrm{T}} = -1$，$z_5 - c_5 = \boldsymbol{w}\boldsymbol{p}_5 - c_5 = (0,-1,-2)(0,0,1)^{\mathrm{T}} = -2$。

由于 $z_j - c_j \leqslant 0$，因此得到最优解，即

$$x_1 = \frac{21}{5},\ x_2 = \frac{6}{5} \tag{4.35}$$

目标函数的最优值为

$$f_{\min} = -18 \tag{4.36}$$

4.1.5 收敛性分析

下面以极小化线性规划问题为例，分析用单纯形方法求最优解的不同情形。令

$$z_k - c_k = \max\{z_j - c_j\} \tag{4.37}$$

每次迭代必出现下列几种情形之一。

（1）$z_k - c_k \leqslant 0$。这时，现行的基本可行解即最优解。

（2）$z_k - c_k > 0$ 且 $y_k \leqslant 0$。对于该情形，由式（4.12）可知，x_k 取任何正数，总能得到可行解。又由式（4.14）可知，当 x_k 无限增大时，目标函数值 $f \to -\infty$，因此，此时线性规划问题无界。

（3）$z_k - c_k > 0$ 且 $y_k \nleqslant 0$。这时，可求出新的基本可行解。若

$$x_k = \frac{\bar{b}_r}{y_{rk}} > 0 \tag{4.38}$$

则经过迭代，目标函数值减小。

综上所述，当极小化线性规划问题存在最优解时，对于情形（3），在每次迭代中，均有

$$\boldsymbol{x}_B = \boldsymbol{B}^{-1}\boldsymbol{b} = \bar{\boldsymbol{b}} > \boldsymbol{0} \tag{4.39}$$

则

$$x_k = \bar{b}_r / y_{rk} > 0 \tag{4.40}$$

因此，经过迭代，目标函数值减小，且每次迭代得到的基本可行解都发生了变化。由于基本可行解的个数有限，因此，经过有限次迭代，必能得到最优解。

4.2 使用表格形式的单纯形方法

使用单纯形方法求解线性规划问题，即求解线性方程组，只是在每次迭代过程中，根据最优性条件，以一定的规则选择进基变量和离基变量，不断改进基本可行解，直至得到最优解。这个求解过程可以通过变换**单纯形表**来实现。下面分析怎样构造单纯形表。

考虑线性规划问题式（4.1），设 $\boldsymbol{b} \geqslant \boldsymbol{0}$，选基矩阵为 $\boldsymbol{B}$，则 $\boldsymbol{A} = [\boldsymbol{B}\ \ \boldsymbol{N}]$，其中，$\boldsymbol{B}$ 为 m 阶可逆基矩阵。基矩阵的对应变量为基变量 $\boldsymbol{x}_B$，则 $\boldsymbol{x} = \begin{bmatrix} \boldsymbol{x}_B \\ \boldsymbol{x}_N \end{bmatrix}$，$\boldsymbol{c} = (\boldsymbol{c}_B, \boldsymbol{c}_N)$。

把式（4.1）写成其等价形式，即

$$\begin{aligned} &\min\ f \\ &\text{s.t.}\ \ f - \boldsymbol{c}_B\boldsymbol{x}_B - \boldsymbol{c}_N\boldsymbol{x}_N = 0 \\ &\qquad \boldsymbol{B}\boldsymbol{x}_B + \boldsymbol{N}\boldsymbol{x}_N = \boldsymbol{b} \\ &\qquad \boldsymbol{x}_B \geqslant \boldsymbol{0},\ \boldsymbol{x}_N \geqslant \boldsymbol{0} \end{aligned} \tag{4.41}$$

在式（4.41）中，将 $\boldsymbol{B}\boldsymbol{x}_B + \boldsymbol{N}\boldsymbol{x}_N = \boldsymbol{b}$ 的两端左乘 $\boldsymbol{B}^{-1}$，得

$$\boldsymbol{x}_B + \boldsymbol{B}^{-1}\boldsymbol{N}\boldsymbol{x}_N = \boldsymbol{B}^{-1}\boldsymbol{b} \tag{4.42}$$

先用 $\boldsymbol{c}_B$ 左乘式（4.42）两端，然后加到式（4.41）的 $f - \boldsymbol{c}_B\boldsymbol{x}_B - \boldsymbol{c}_N\boldsymbol{x}_N = 0$ 中，得

$$f + 0 \cdot \boldsymbol{x}_B + (\boldsymbol{c}_B\boldsymbol{B}^{-1}\boldsymbol{N} - \boldsymbol{c}_N)\boldsymbol{x}_N = \boldsymbol{c}_B\boldsymbol{B}^{-1}\boldsymbol{b} \tag{4.43}$$

这样，得到式（4.41）中的 $\boldsymbol{Bx}_B+\boldsymbol{Nx}_N=\boldsymbol{b}$ 和 $f-\boldsymbol{c}_B\boldsymbol{x}_B-\boldsymbol{c}_N\boldsymbol{x}_N=0$ 的等价方程组，即式（4.42）和式（4.43），线性规划问题式（4.1）也就等价于下列问题：

$$\begin{aligned}&\min\ f\\&\text{s.t.}\quad \boldsymbol{x}_B+\boldsymbol{B}^{-1}\boldsymbol{N}\boldsymbol{x}_N=\boldsymbol{B}^{-1}\boldsymbol{b}\\&\qquad f+0\cdot\boldsymbol{x}_B+(\boldsymbol{c}_B\boldsymbol{B}^{-1}\boldsymbol{N}-\boldsymbol{c}_N)\boldsymbol{x}_N=\boldsymbol{c}_B\boldsymbol{B}^{-1}\boldsymbol{b}\\&\qquad \boldsymbol{x}_B\geqslant\boldsymbol{0},\ \boldsymbol{x}_N\geqslant\boldsymbol{0}\end{aligned}\tag{4.44}$$

把上述约束方程的系数置于表中，得到**单纯形表**，如下：

	f	x_B	x_N	
x_B	0	$\boldsymbol{I}_m$	$\boldsymbol{B}^{-1}\boldsymbol{N}$	$\boldsymbol{B}^{-1}\boldsymbol{b}$
	1	0	$\boldsymbol{c}_B\boldsymbol{B}^{-1}\boldsymbol{N}-\boldsymbol{c}_N$	$\boldsymbol{c}_B\boldsymbol{B}^{-1}\boldsymbol{b}$

其中，上半部分包含 m 行，其中，$\boldsymbol{B}^{-1}\boldsymbol{N}$ 有 $n-m$ 列，即

$$\begin{aligned}\boldsymbol{B}^{-1}\boldsymbol{N}&=\boldsymbol{B}^{-1}(\boldsymbol{p}_{N_1},\boldsymbol{p}_{N_2},\cdots,\boldsymbol{p}_{N_{n-m}})\\&=(\boldsymbol{B}^{-1}\boldsymbol{p}_{N_1},\boldsymbol{B}^{-1}\boldsymbol{p}_{N_2},\cdots,\boldsymbol{B}^{-1}\boldsymbol{p}_{N_{n-m}})\\&=(\boldsymbol{y}_{N_1},\boldsymbol{y}_{N_2},\cdots,\boldsymbol{y}_{N_{n-m}})\end{aligned}\tag{4.45}$$

式（4.45）对应非基变量。$\boldsymbol{B}^{-1}\boldsymbol{b}$ 是 m 维列向量，记作

$$\boldsymbol{B}^{-1}\boldsymbol{b}=(\bar{b}_1,\bar{b}_2,\cdots,\bar{b}_m)^{\mathrm{T}}\tag{4.46}$$

令非基变量 $\boldsymbol{x}_N=\boldsymbol{0}$，则基变量 $\boldsymbol{x}_B=\boldsymbol{B}^{-1}\boldsymbol{b}$。

下半部分只有 1 行，其中

$$\begin{aligned}\boldsymbol{c}_B\boldsymbol{B}^{-1}\boldsymbol{N}-\boldsymbol{c}_N&=\boldsymbol{c}_B\boldsymbol{B}^{-1}(\boldsymbol{p}_{N_1},\boldsymbol{p}_{N_2},\cdots,\boldsymbol{p}_{N_{n-m}})-(c_{N_1},c_{N_2},\cdots,c_{N_{n-m}})\\&=(z_{N_1},z_{N_2},\cdots,z_{N_{n-m}})-(c_{N_1},c_{N_2},\cdots,c_{N_{n-m}})\\&=(z_{N_1}-c_{N_1},z_{N_2}-c_{N_2},\cdots,z_{N_{n-m}}-c_{N_{n-m}})\end{aligned}\tag{4.47}$$

其中，各分量是对应非基变量的判别数；$\boldsymbol{c}_B\boldsymbol{B}^{-1}\boldsymbol{b}$ 是现行基本可行解处的目标函数值。

用单纯形表求解线性规划问题的详细步骤如下。

（1）构造初始单纯形表。

把上述单纯形表（略去 f 列）详细写出，如下：

	x_{B_1}	$\cdots$	x_{B_r}	$\cdots$	x_{B_m}	$\cdots$	x_j	$\cdots$	x_k		
x_{B_1}	1	$\cdots$	0	$\cdots$	0	$\cdots$	y_{1j}	$\cdots$	y_{1k}	$\cdots$	$\bar{b}_1$
$\vdots$	$\vdots$		$\vdots$		$\vdots$		$\vdots$		$\vdots$		$\vdots$
x_{B_r}	0	$\cdots$	1	$\cdots$	0	$\cdots$	y_{rj}	$\cdots$	y_{rk}	$\cdots$	$\bar{b}_r$
$\vdots$	$\vdots$		$\vdots$		$\vdots$		$\vdots$		$\vdots$		$\vdots$
x_{B_m}	0	$\cdots$	0	$\cdots$	1	$\cdots$	y_{mj}	$\cdots$	y_{mk}	$\cdots$	$\bar{b}_m$
	0	$\cdots$	0	$\cdots$	0	$\cdots$	z_j-c_j	$\cdots$	z_k-c_k	$\cdots$	$\boldsymbol{c}_B\bar{\boldsymbol{b}}$

显然，在单纯形表中，包含了单纯形方法所需的全部数据。假设

$$\bar{\boldsymbol{b}}=\boldsymbol{B}^{-1}\boldsymbol{b}\geqslant\boldsymbol{0}\tag{4.48}$$

由于单纯形表中包含 m 阶单位矩阵，因此已经给出一个基本可行解，即

$$\boldsymbol{x}_B=\bar{\boldsymbol{b}},\ \boldsymbol{x}_N=\boldsymbol{0} \tag{4.49}$$

若 $\boldsymbol{c}_B\boldsymbol{B}^{-1}\boldsymbol{N}-\boldsymbol{c}_N\leqslant\boldsymbol{0}$，则现行基本可行解即最优解。若 $\boldsymbol{c}_B\boldsymbol{B}^{-1}\boldsymbol{N}-\boldsymbol{c}_N\nleqslant\boldsymbol{0}$，则需要用**主元消去法**求改进的基本可行解。

（2）主元消去法。

先根据式（4.13）选择基变量，如果在表身的最后一行中有

$$z_k-c_k=\max\{z_j-c_j\} \tag{4.50}$$

则选择 x_k 对应的列作为**主列**，再根据式（4.20）确定基变量 x_{B_r}，令

$$\frac{\bar{b}_r}{y_{rk}}=\min\left\{\frac{\bar{b}_i}{y_{ik}}\middle|y_{ik}>0\right\} \tag{4.51}$$

则第 r 行作为**主行**。主列和主行交叉处的元素 y_{rk} 称为**主元**。下面进行主元消去。所谓**主元消去**，就是指先用第 r 行（主行）除以主元 y_{rk}，再把第 r 行的若干倍分别加到各行，使主列中的主元化为 1，其他各元素化为 0，即把主列化为单位向量。经主元消去，实现了基的转换。此时，x_k 由非基变量变成基变量，x_{B_r} 由基变量变成非基变量。由于基变量的系数矩阵在表中总是单位矩阵，因此右端列 $\bar{\boldsymbol{b}}$ 即新的基变量的取值。此外，不难验证，在两个不同的基矩阵下，判别数和目标函数在主元消去前后的值分别有下列关系：

$$(z_j-c_j)'=(z_j-c_j)-(y_{rj}/y_{rk})(z_k-c_k) \tag{4.52}$$

$$(\boldsymbol{c}_B\boldsymbol{B}^{-1}\boldsymbol{b})'=\boldsymbol{c}_B\boldsymbol{B}^{-1}\boldsymbol{b}-(\bar{b}_r/y_{rk})(z_k-c_k) \tag{4.53}$$

其中，$(z_j-c_j)'$ 是在新基矩阵下的判别数；(z_j-c_j) 是主元消去前在旧基矩阵下的判别数；$(\boldsymbol{c}_B\boldsymbol{B}^{-1}\boldsymbol{b})'$ 是主元消去后在新基矩阵下的目标函数值；$\boldsymbol{c}_B\boldsymbol{B}^{-1}\boldsymbol{b}$ 是主元消去前在旧基矩阵下的目标函数值。

式（4.52）和式（4.53）表明，新基矩阵下的判别数和目标函数值恰好是主行的 $-(z_k-c_k)/y_{rk}$ 倍加到最后一行所得的结果。因此，在主元消去后，最后一行仍然是判别数和目标函数值。在新的单纯形表中，重复进行主元消去，直至获得最优解或确定目标函数无解。

根据以上分析，基于表格的单纯形方法的计算步骤归纳如下。

（1）构造初始单纯形表。

（2）选择进基变量。如果单纯形表中所有非基变量的判别数 $z_j-c_j\leqslant 0$，则当前解即最优解，计算终止；否则，在所有判别数大于 0 的非基变量中，选择 $z_k-c_k=\max\{z_j-c_j\}$，即 x_k 为进基变量。

（3）确定离基变量。检查进基变量 x_k 在约束条件下的列向量 $\boldsymbol{y}_k$，如果 $\boldsymbol{y}_k\leqslant 0$，则该线性规划问题存在无界解，计算终止；否则，选择右端列 $\bar{\boldsymbol{b}}$ 与 $\boldsymbol{y}_k$ 中各分量的比值最小的一行，即 $\dfrac{\bar{b}_r}{y_{rk}}=\min\left\{\dfrac{\bar{b}_i}{y_{ik}}\middle|y_{ik}>0\right\}$，$x_{B_r}$ 为离基变量。

（4）主元消去。以 y_{rk} 为主元进行主元消去，采用高斯消元法将主元所在列化为单位列向量，得到新的单纯形表，返回步骤（2）。

例 4.2 用单纯形方法求解下列线性规划问题：

$$\begin{aligned}&\min\ x_1-2x_2+x_3\\&\text{s.t.}\ \ x_1+x_2-2x_3+x_4=10\\&\qquad 2x_1-x_2+4x_3\leqslant 8\\&\qquad -x_1+2x_2-4x_3\leqslant 4\\&\qquad x_j\geqslant 0,\ j=1,2,\cdots,4\end{aligned}\tag{4.54}$$

解：引入松弛变量 x_5 和 x_6，将上述线性规划问题转化为标准形式，即

$$\begin{aligned}&\min\ x_1-2x_2+x_3\\&\text{s.t.}\ \ x_1+x_1-2x_3+x_4=10\\&\qquad 2x_1-x_2+4x_3+x_5=8\\&\qquad -x_1+2x_2-4x_3+x_6=4\\&\qquad x_j\geqslant 0,\ j=1,2,\cdots,6\end{aligned}\tag{4.55}$$

下面先建立单纯形表；然后根据式（4.50）和式（4.51）分别确定主列与主行，并用框号指明**主元**；最后主元消去法变换单纯形表，实现基的转换。判别数由 $z_j-c_j=\boldsymbol{c}_B\boldsymbol{B}^{-1}\boldsymbol{p}_j-c_j$ 确定。表的左侧标出现行基变量。上述线性规划问题的初始单纯形表如下：

	x_1	x_2	x_3	x_4	x_5	x_6	
x_4	1	1	−2	1	0	0	10
x_5	2	−1	4	0	1	0	8
x_6	−1	$\boxed{2}$	−4	0	0	1	4
	−1	2	−1	0	0	0	0

由于 $z_2-c_2=\max\{z_j-c_j\}=2$，因此取第 2 列作为主列。由于 $\dfrac{\bar{b}_3}{y_{32}}=\min\left\{\dfrac{10}{1},\dfrac{4}{2}\right\}=\dfrac{4}{2}$，因此取第 3 行作为主行，主元是 y_{32}。下面进行主元消去：先将第 3 行除以 2，然后将第 3 行加到第 2 行，第 3 行的−1 倍加到第 1 行，第 3 行的−2 倍加到第 4 行。这样，把第 2 列化为单位向量，完成第 1 次迭代，x_2 变为基变量；x_6 离基，变为非基变量。新的基变量是 x_4、x_5和x_2，它们的取值如下：

	x_1	x_2	x_3	x_4	x_5	x_6	
x_4	$\frac{3}{2}$	0	0	1	0	$-\frac{1}{2}$	8
x_5	$\frac{3}{2}$	0	$\boxed{2}$	0	1	$\frac{1}{2}$	10
x_2	$-\frac{1}{2}$	1	−2	0	0	$\frac{1}{2}$	2
	0	0	3	0	0	−1	−4

现在进行第 2 次迭代。在上面的单纯形表中，最大判别数是 $z_3-c_3=3$，因此第 3 列作为主列。由于右端列 $\bar{\boldsymbol{b}}$ 的元素与主列中相应正元素的比值中有 $\dfrac{\bar{b}_2}{y_{23}}=\min\left\{\dfrac{10}{2}\right\}=\dfrac{10}{2}$，因此 y_{23} 为主元。下面进行主元消去，得到如下主元消去表：

	x_1	x_2	x_3	x_4	x_5	x_6	
x_4	$\frac{3}{2}$	0	0	1	0	$-\frac{1}{2}$	8
x_3	$\frac{3}{4}$	0	1	0	$\frac{1}{2}$	$\frac{1}{4}$	5
x_2	1	1	0	0	1	1	12
	$-\frac{9}{4}$	0	0	0	$-\frac{3}{2}$	$-\frac{7}{4}$	−19

在主元消去表中，所有判别数 $z_j - c_j \leqslant 0$，因此，达到最优解。由最后的单纯形表可知，所得的最优解为

$$(x_1, x_2, x_3, x_4) = (0, 12, 5, 8) \tag{4.56}$$

目标函数的最优值为

$$f_{\min} = -19 \tag{4.57}$$

例 4.3 用单纯形方法求解下列线性规划问题：

$$\begin{aligned} \max \quad & 2x_1 + x_2 - x_3 \\ \text{s. t.} \quad & x_1 + x_2 + 2x_3 \leqslant 6 \\ & x_1 + 4x_2 - x_3 \leqslant 4 \\ & x_1, x_2, x_3 \geqslant 0 \end{aligned} \tag{4.58}$$

解：引入松弛变量 x_4 和 x_5，把上述线性规划问题化为标准形式：

$$\begin{aligned} \max \quad & 2x_1 + x_2 - x_3 \\ \text{s.t.} \quad & x_1 + x_2 + 2x_3 + x_4 = 6 \\ & x_1 + 4x_2 - x_3 + x_5 = 4 \\ & x_j \geqslant 0,\ j=1,2,\cdots,5 \end{aligned} \tag{4.59}$$

建立初始单纯形表，如下：

	x_1	x_2	x_3	x_4	x_5	
x_4	1	1	2	1	0	6
x_5	$\boxed{1}$	4	−1	0	1	4
	−2	−1	1	0	0	0

其中的判别数用定义式

$$z_j - c_j = \boldsymbol{c}_B \boldsymbol{B}^{-1} \boldsymbol{p}_j - c_j \tag{4.60}$$

得出。由于此例是极大化问题，判别数中有负数，因此可求改进的基本可行解。由于最小判别数为

$$z_1 - c_1 = \min\{z_j - c_j\} = -2 \tag{4.61}$$

因此取第 1 列作为主列。根据最小化比值规则，取第 2 行作为主行。以 y_{21} 为主元进行主元消去，得到如下主元消去表：

	x_1	x_2	x_3	x_4	x_5	
x_4	0	−3	$\boxed{3}$	1	−1	2
x_1	1	4	−1	0	1	4
	0	7	−1	0	2	8

以 $y_{13} = 3$ 为主元，再次进行主元消去，得到如下主元消去表：

	x_1	x_2	x_3	x_4	x_5	
x_3	0	−1	1	$\frac{1}{3}$	$-\frac{1}{3}$	$\frac{2}{3}$
x_1	1	3	0	$\frac{1}{3}$	$\frac{2}{3}$	$\frac{14}{3}$
	0	6	0	$\frac{1}{3}$	$\frac{5}{3}$	$\frac{26}{3}$

其中，判别数均非负，达到最优解，即

$$(x_1,x_2,x_3)=\left(\frac{14}{3},0,\frac{2}{3}\right) \tag{4.62}$$

目标函数的最优值为

$$f_{\max}=\frac{26}{3} \tag{4.63}$$

例 4.4　用单纯形方法求解下列线性规划问题：

$$\begin{aligned}&\min\ -3x_1+x_2\\&\text{s.t.}\ \ x_1-x_2+x_3\leqslant 5\\&\quad -2x_1+x_2-2x_3\leqslant 10\\&\quad x_1,x_2,x_3\geqslant 0\end{aligned} \tag{4.64}$$

解：引入松弛变量 x_4 和 x_5，把上述线性规划问题转化为标准形式，即

$$\begin{aligned}&\min\ -3x_1+x_2\\&\text{s.t.}\quad x_1-x_2+x_3+x_4=5\\&\quad -2x_1+x_2-2x_3+x_5=10\\&\quad x_j\geqslant 0,\ \ j=1,2,\cdots,5\end{aligned} \tag{4.65}$$

构造初始单纯形表，如下：

	x_1	x_2	x_3	x_4	x_5	
x_4	$\boxed{1}$	−1	1	1	0	5
x_5	−2	1	−2	0	1	10
	3	−1	0	0	0	0

经第 1 次迭代得到的主元消去表如下：

	x_1	x_2	x_3	x_4	x_5	
x_1	1	−1	1	1	0	5
x_5	0	−1	0	2	1	20
	0	2	−3	−3	0	−15

这并不是最优的单纯形表。最大判别数 $z_2-c_2=2$，由于其中的第 2 列 $y_2<0$，因此目标函数不存在有限最优解。

4.3　案例分析和代码实现

MATLAB 是一种常用的数据处理软件，能够有效进行矩阵分析，被广泛应用于无线通信、深度学习、图像处理与控制系统等领域。这里采用 MATLAB 实现单纯形方法。本节以极大化问题为例，在利用 MATLAB 平台进行计算前，首先需要将线性规划问题转化为标准

形式，即

$$\max\ Z=\sum_{j=1}^{n}c_j x_j$$
$$\text{s.t.}\begin{cases}\sum_{j=1}^{n}a_{ij}x_j=b_i & (i=1,2,\cdots,m)\\ x_j\geqslant 0 & (j=1,2,\cdots,n)\end{cases}\tag{4.66}$$

单纯形方法的实现代码如下：

```
function [x,z,ST,res_case] = SimplexMax(c,A,b,ind_B)
%输入参数：c 表示目标函数系数；A 表示约束方程组系数矩阵；b 表示约束方程组常数项；ind_B 表示基变量索引
%输出参数：x 表示最优解；z 表示最优目标函数值；ST 表示存储的单纯形表数据；res_case=0 表示有最优解，es_case=1 表示有无界解
[m,n] = size(A);                    %m 表示存储约束条件的个数,n 表示存储决策变量的个数
ind_N = setdiff(1:n, ind_B);        %非基变量的索引
ST = [];format rat                  %使用分数表示数值
while true %循环求解
x0 = zeros(n,1);x0(ind_B) = b;      %初始基本可行解
cB = c(ind_B);                      %计算 cB
Sigma = zeros(1,n);Sigma(ind_N) = c(ind_N) - cB*A(:,ind_N);   %计算判别数
[~, k] = max(Sigma);                %选出最大的判别数，确定进基变量索引 k
Theta = b ./ A(:,min(k));           %计算 Theta
Theta(Theta<=0) = 10000;q=find(Theta== min(Theta));  %选出最小的 Theta
el = ind_B(max(q));       %确定基变量索引 el：当存在多个最小 Theta 时，选择下标值最大的离基变量
vals = [cB',ind_B',b,A,Theta];
vals = [vals; NaN, NaN, NaN, Sigma, NaN];
ST = [ST; vals];
if ~any(Sigma > 0)                  %此基本可行解为最优解
 x = x0;z = c * x;res_case = 0;
Return
End
if all(A(:,k) <= 0)                 %有无界解
x = [];res_case = 1;
Break
end%换基
ind_B(ind_B == el) = k;             %新的基变量索引
ind_N = setdiff(1:n, ind_B);        %新的非基变量索引
A(:,ind_N) = A(:,ind_B) \ A(:,ind_N);
%更新 A 和 b
b = A(:,ind_B) \ b;
A(:,ind_B) = eye(m,m);
end
```

例 4.5 用单纯形方法求解下列线性规划问题：

$$
\begin{aligned}
\max \quad & z = 2x_1 + x_2 \\
\text{s.t.} \quad & 5x_2 \leqslant 15 \\
& 6x_1 + 2x_2 \leqslant 24 \\
& x_1 + x_2 \leqslant 5 \\
& x_1, x_2 \geqslant 0
\end{aligned}
\tag{4.67}
$$

解：（1）将上述线性规划问题转化为标准形式，即

$$
\begin{aligned}
\max \quad & z = 2x_1 + x_2 \\
\text{s.t.} \quad & 5x_2 + x_3 = 15 \\
& 6x_1 + 2x_2 + x_4 = 24 \\
& x_1 + x_2 + x_5 = 5 \\
& x_1, x_2 \geqslant 0
\end{aligned}
\tag{4.68}
$$

（2）在 MATLAB 平台的命令行窗口中输入参数，完成算例求解。

实验代码如下：

```
A = [0 5 1 0 0;6 2 0 1 0;1 1 0 0 1];          %约束方程组系数矩阵
b = [15;24;5];                                %约束方程组常数项
c = [2 1 0 0 0];                              %目标函数系数
ind = [3 4 5];                                %基变量索引
[x, z, ST, ca] = SimplexMax(c, A, b, ind)     %调用 SimplexMax()函数
%按 Enter 键，命令行窗口即可输出结果
```

线性规划问题式（4.67）的实验运行结果如图 4.2 所示，其中，x 为最优解，z 为最优值，ST 为求解过程中产生的单纯形表。因此，该线性规划问题部最优解为 $x^* = \left(\frac{7}{2}, \frac{3}{2}, \frac{15}{2}, 0, 0\right)$，目标函数的最优值为 $\frac{17}{2}$。

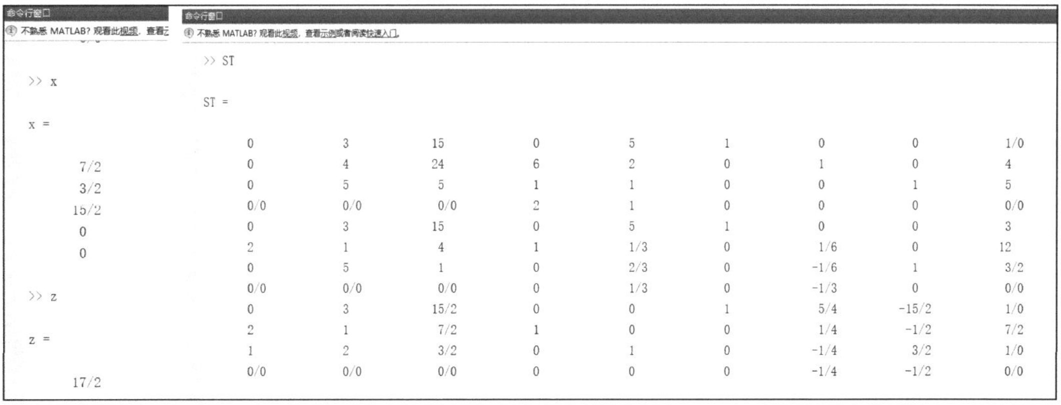

```
命令行窗口
不熟悉 MATLAB? 观看此视频，查看示例或者阅读快速入门。

>> x

x =

   7/2
   3/2
   15/2
   0
   0

>> z

z =

   17/2

>> ST

ST =

   0     3     15    0    5     1    0     0      1/0
   0     4     24    6    2     0    1     0      4
   0     5     5     1    1     0    0     1      5
   0/0   0/0   0/0   2    1     0    0     0      0/0
   0     3     15    0    5     1    0     0      3
   2     1     4     1    1/3   0    1/6   0      12
   0     5     1     0    2/3   0    -1/6  1      3/2
   0/0   0/0   0/0   0    1/3   0    -1/3  0      0/0
   0     3     15/2  0    0     1    5/4   -15/2  1/0
   2     1     7/2   1    0     0    1/4   -1/2   7/2
   1     2     3/2   0    1     0    -1/4  3/2    1/0
   0/0   0/0   0/0   0    0     0    -1/4  -1/2   0/0
```

图 4.2　线性规划问题式（4.67）的实验运行结果

习　题

1．用单纯形方法求解下列线性规划问题。

（1）$\min\ -9x_1-16x_2$

$$\begin{aligned}\text{s.t.}\quad & x_1+4x_2+x_3=80\\ & 2x_1+3x_2+x_4=90\\ & x_j\geqslant 0,\quad j=1,2,3,4\end{aligned}$$

（2）$\min\ -3x_1-x_2$

$$\begin{aligned}\text{s.t.}\quad & 3x_1+3x_2+x_3=30\\ & 4x_1-4x_2+x_4=16\\ & 2x_1-x_2\leqslant 12\\ & x_j\geqslant 0,\quad j=1,2,3,4\end{aligned}$$

（3）$\max\ -x_1+3x_2+x_3$

$$\begin{aligned}\text{s.t.}\quad & 3x_1-x_2+2x_3\leqslant 7\\ & -2x_1+4x_2\leqslant 12\\ & -4x_1+3x_2+8x_3\leqslant 10\\ & x_1,x_2,x_3\geqslant 0\end{aligned}$$

（4）$\min\ 3x_1-5x_2-2x_3-x_4$

$$\begin{aligned}\text{s.t.}\quad & x_1+x_2+x_3\leqslant 4\\ & 4x_1-x_2+x_3+2x_4\leqslant 6\\ & -x_1+x_2+2x_3+3x_4\leqslant 12\\ & x_j\geqslant 0,\quad j=1,2,3,4\end{aligned}$$

2．求解下列线性规划问题。

（1）$\min\ 3x_1-5x_2$

$$\begin{aligned}\text{s.t.}\quad & -x_1+2x_2+4x_3\leqslant 4\\ & x_1+x_2+2x_3\leqslant 5\\ & -x_1+2x_2+x_3\geqslant 1\\ & x_1,x_2,x_3\geqslant 0\end{aligned}$$

（2）$\min\ -3x_1+2x_2-x_3$

$$\begin{aligned}\text{s.t.}\quad & 2x_1+x_2-x_3\leqslant 5\\ & 4x_1+3x_2+x_3\geqslant 3\\ & 4x_1+x_2+x_3=2\\ & x_1,x_2,x_3\geqslant 0\end{aligned}$$

（3）$\min\ 3x_1-2x_2+x_3$

$$\begin{aligned}\text{s.t.}\quad & 2x_1-3x_2+x_3=1\\ & 2x_1+3x_2\geqslant 8\\ & x_1,x_2,x_3\geqslant 0\end{aligned}$$

3．证明在用单纯形方法求解线性规划问题时，主元消去前后对应同一变量的判别数有下列关系：

$$(z_j-c_j)'=(z_j-c_j)-\frac{y_{rj}}{y_{rk}}(z_k-c_k)$$

其中，$(z_j-c_j)'$ 是主元消去后的判别数；其余是主元消去前的数据；y_{rk} 是主元。

第 5 章　对偶理论和灵敏度分析

在线性规划中，普遍存在对偶现象，对偶理论是线性规划中的重要理论，即对于每个线性规划问题，都存在一个与它有密切关系的线性规划问题，其中一个称为**原问题**，另一个称为它的**对偶问题**。对偶理论于 1947 年被提出，至今已有很大的发展，它深刻揭示了每对线性规划问题中原问题与对偶问题的内在联系，不仅可以增强对原问题的理解，还为深入研究线性规划的理论与算法提供了理论依据，已成为线性规划必不可少的重要基础理论之一。

5.1　线性规划中的对偶理论

5.1.1　对偶问题的提出

下面通过经济学实例给出线性规划中对偶问题的定义。

例 5.1　甲工厂生产 A_1、A_2 两种产品，这两种产品都需要在 B_1、B_2、B_3 这 3 种不同的设备上加工。单位产品在不同设备上的加工台时、销售后所能获得的利润和这 3 种设备在计划期内能提供的总有限台时的有关数据如表 5.1 所示。试分析如何安排生产计划，即 A_1、A_2 两种产品各生产多少单位，可使该工厂所获得的利润最大？

表 5.1　甲工厂生产 A_1、A_2 两种产品的有关数据

设备	单位产品的加工台时/h		总有限台时/h
	A_1	A_2	
B_1	3	4	36
B_2	5	4	40
B_3	9	8	76
利润/（元/单位）	32	30	—

解：设产品 A_1 生产 x_1 个单位，产品 A_2 生产 x_2 个单位，则线性规划问题为

$$\begin{aligned}\max\quad & z = 32x_1 + 30x_2 \\ \text{s.t.}\quad & 3x_1 + 4x_2 \leqslant 36 \\ & 5x_1 + 4x_2 \leqslant 40 \\ & 9x_1 + 8x_2 \leqslant 76 \\ & x_1, x_2 \geqslant 0\end{aligned} \tag{5.1}$$

现在，换一个角度来讨论这个问题。假设乙工厂打算租用甲工厂的设备 B_1、B_2、B_3，则乙工厂应付多少租金才合理呢？

设 w_1、w_2、w_3 分别为设备 B_1、B_2、B_3 每台时的租金。甲工厂同意租让的条件是租金不低于自己组织生产时获得的利润，即应满足的约束条件为

$$3w_1+5w_2+9w_3\geqslant 32$$
$$4w_1+4w_2+8w_3\geqslant 30$$

乙工厂租用设备所支付的总租金为

$$y=36w_1+40w_2+76w_3$$

同时，乙工厂肯定希望租金越少越好，因此，乙工厂租用设备的线性规划问题为

$$\begin{aligned}\min\quad & y=36w_1+40w_2+76w_3\\ \text{s.t.}\quad & 3w_1+5w_2+9w_3\geqslant 32\\ & 4w_1+4w_2+8w_3\geqslant 30\\ & w_1,w_2,w_3\geqslant 0\end{aligned}\tag{5.2}$$

式（5.1）和式（5.2）所示的这两个线性规划问题的表现形式与系数之间存在许多对应关系，并且有

$$\max\ z=\min\ y$$

我们称式（5.1）所示的线性规划问题为原问题，式（5.2）所示的线性规划问题为式（5.1）所示的线性规划问题的对偶问题。

5.1.2 对偶问题的定义

前面从一个经济学实例引出了对偶问题，下面从数学角度，可以将线性规划中的对偶问题概括为 3 种形式：对称形式的对偶问题、非对称形式的对偶问题和一般形式的对偶问题。

1. 对称形式的对偶问题

原问题：

$$\begin{aligned}\min\quad & \boldsymbol{cx}\\ \text{s.t.}\quad & \boldsymbol{Ax}\geqslant \boldsymbol{b}\\ & \boldsymbol{x}\geqslant \boldsymbol{0}\end{aligned}\tag{5.3}$$

对偶问题：

$$\begin{aligned}\max\quad & \boldsymbol{wb}\\ \text{s.t.}\quad & \boldsymbol{wA}\leqslant \boldsymbol{c}\\ & \boldsymbol{w}\geqslant \boldsymbol{0}\end{aligned}\tag{5.4}$$

在式（5.3）和式（5.4）中，$\boldsymbol{c}=(c_1,c_2,\cdots,c_n)$是 n 维行向量，$\boldsymbol{x}=(x_1,x_2,\cdots,x_n)^{\mathrm{T}}$是由原问题的变量组成的 n 维列向量，$\boldsymbol{A}=(\boldsymbol{p}_1,\boldsymbol{p}_2,\cdots,\boldsymbol{p}_n)$是 $m\times n$ 矩阵，$\boldsymbol{b}=(b_1,b_2,\cdots,b_m)^{\mathrm{T}}$是 m 维列向量，$\boldsymbol{w}=(w_1,w_2,\cdots,w_m)$是由对偶问题的变量组成的 m 维行向量。

在原问题式（5.3）中，目标函数是 $\boldsymbol{c}$ 与 $\boldsymbol{x}$ 的内积，$\boldsymbol{Ax}\geqslant \boldsymbol{b}$ 包含 m 个不等式约束，其中每个约束条件记作

$$\boldsymbol{A}_i\boldsymbol{x}\geqslant b_i$$

其中，$\boldsymbol{A}_i$ 是 $\boldsymbol{A}$ 的第 i 行；变量 $\boldsymbol{x}$ 有非负限制。

在对偶问题式（5.4）中，目标函数是 $\boldsymbol{w}$ 与 $\boldsymbol{b}$ 的内积，$\boldsymbol{wA}\leqslant \boldsymbol{c}$ 包含 n 个不等式约束，每

个约束条件记作

$$\boldsymbol{wp}_j \leqslant c_i$$

其中，对偶变量 w_i 也有非负限制。

根据上述定义可发现，针对对称形式的对偶问题，从原问题得到其对偶问题的变换规则如下。

（1）目标函数由 min 变为 max。

（2）对应原问题，每个约束行有一个对偶变量 w_i，$i=1,2,\cdots,m$。

（3）对偶问题约束条件为"≤"型，有 n 行。

（4）原问题的价值系数 $\boldsymbol{c}$ 变换为对偶问题的右端项。

（5）原问题的右端项 $\boldsymbol{b}$ 变换为对偶问题的价值系数。

根据上述变换规则，可直接写出对称形式下线性规划问题的对偶问题。

例 5.2　设原问题为

$$\begin{aligned}\min\quad & x_1 - x_2\\ \text{s.t.}\quad & x_1 + x_2 \geqslant 5\\ & x_1 - 2x_2 \geqslant 1\\ & x_1, x_2 \geqslant 0\end{aligned}$$

则上述问题的对偶问题为

$$\begin{aligned}\max\quad & 5w_1 + w_2\\ \text{s.t.}\quad & w_1 + w_2 \leqslant 1\\ & w_1 - 2w_2 \leqslant -1\\ & w_1, w_2 \geqslant 0\end{aligned}$$

2. 非对称形式的对偶问题

考虑以下具有等式约束的线性规划问题：

$$\begin{aligned}\min\quad & \boldsymbol{cx}\\ \text{s.t.}\quad & \boldsymbol{Ax} = \boldsymbol{b}\\ & \boldsymbol{x} \geqslant \boldsymbol{0}\end{aligned} \tag{5.5}$$

根据对称形式的对偶问题，当目标函数为极小化，且约束条件为"≥"型时，其对偶问题可以直接根据式（5.4）写出。为了利用对称形式的对偶问题，对于式（5.5）中的具有等式约束的线性规划问题，可以把它等价为

$$\begin{aligned}\min\quad & \boldsymbol{cx}\\ \text{s.t.}\quad & \boldsymbol{Ax} \geqslant \boldsymbol{b}\\ & -\boldsymbol{Ax} \geqslant -\boldsymbol{b}\\ & \boldsymbol{x} \geqslant \boldsymbol{0}\end{aligned}$$

即

$$\begin{aligned} \min \quad & \boldsymbol{cx} \\ \text{s. t.} \quad & \begin{bmatrix} \boldsymbol{A} \\ -\boldsymbol{A} \end{bmatrix} \boldsymbol{x} \geqslant \begin{bmatrix} \boldsymbol{b} \\ -\boldsymbol{b} \end{bmatrix} \\ & \boldsymbol{x} \geqslant \boldsymbol{0} \end{aligned}$$

根据对称形式的对偶问题的定义，式（5.5）的对偶问题为

$$\begin{aligned} \min \quad & \boldsymbol{ub} - \boldsymbol{vb} \\ \text{s.t.} \quad & \boldsymbol{uA} - \boldsymbol{vA} \leqslant \boldsymbol{c} \\ & \boldsymbol{u}, \boldsymbol{v} \geqslant \boldsymbol{0} \end{aligned}$$

令 $\boldsymbol{w} = \boldsymbol{u} - \boldsymbol{v}$ ，显然，$\boldsymbol{w}$ 没有非负限制，因此可得

$$\begin{aligned} \max \quad & \boldsymbol{wb} \\ \text{s. t.} \quad & \boldsymbol{wA} \leqslant \boldsymbol{c} \end{aligned} \tag{5.6}$$

式（5.6）为式（5.5）的对偶问题，该对偶问题称为非对称形式的对偶问题。

非对称形式的对偶问题与对称形式的对偶问题的区别：在对称形式的对偶问题中，原问题的约束条件为“≥”型，而在非对称形式的对偶问题中，原问题中有 m 个“=”型的约束条件；对称形式的对偶问题的 m 个变量有非负限制，而非对称形式的对偶问题的 m 个变量无正负限制。

例 5.3 写出如下线性规划问题的对偶问题：

$$\begin{aligned} \min \quad & 6x_1 + 3x_2 + 4x_3 \\ \text{s. t.} \quad & x_1 + x_2 + x_3 = 4 \\ & 3x_1 + 2x_2 + x_3 = 5 \\ & x_1, x_2, x_3 \geqslant 0 \end{aligned}$$

解：根据非对称形式的对偶问题的定义，该线性规划问题的对偶问题可以直接写为

$$\begin{aligned} \max \quad & 4w_1 + 5w_2 \\ \text{s. t.} \quad & w_1 + 3w_2 \leqslant 6 \\ & w_1 + 2w_2 \leqslant 3 \\ & w_1 + w_2 \leqslant 4 \end{aligned}$$

3. 一般形式的对偶问题

在实际生活中，有许多线性规划问题同时含有“≥”型、“≤”型和“=”型几种约束条件，下面定义这类线性规划问题的对偶问题。

设原问题为

$$\begin{aligned} \min \quad & \boldsymbol{cx} \\ \text{s.t.} \quad & \boldsymbol{A}_1\boldsymbol{x} \geqslant \boldsymbol{b}_1 \\ & \boldsymbol{A}_2\boldsymbol{x} = \boldsymbol{b}_2 \\ & \boldsymbol{A}_3\boldsymbol{x} \leqslant \boldsymbol{b}_3 \\ & \boldsymbol{x} \geqslant \boldsymbol{0} \end{aligned} \tag{5.7}$$

其中，$\boldsymbol{A}_1$ 是 $m_1 \times n$ 矩阵；$\boldsymbol{A}_2$ 是 $m_2 \times n$ 矩阵；$\boldsymbol{A}_3$ 是 $m_3 \times n$ 矩阵；$\boldsymbol{b}_1$ 、$\boldsymbol{b}_2$ 和 $\boldsymbol{b}_3$ 分别是 m_1 维、m_2 维

与 m_3 维列向量；$\boldsymbol{c}$ 是 n 维行向量。

根据式（5.5）和式（5.6），可以通过引入松弛变量，将式（5.7）写为等式形式，即

$$\begin{aligned} \min \quad & \boldsymbol{cx} \\ \text{s.t.} \quad & \boldsymbol{A}_1\boldsymbol{x} - \boldsymbol{x}_\text{s} = \boldsymbol{b}_1 \\ & \boldsymbol{A}_2\boldsymbol{x} = \boldsymbol{b}_2 \\ & \boldsymbol{A}_3\boldsymbol{x} + \boldsymbol{x}_\text{t} = \boldsymbol{b}_3 \\ & \boldsymbol{x}, \boldsymbol{x}_s, \boldsymbol{x}_\text{t} \geqslant \boldsymbol{0} \end{aligned}$$

其中，$\boldsymbol{x}_\text{s}$ 是由 m_1 个松弛变量组成的 m_1 维列向量；$\boldsymbol{x}_\text{t}$ 是由 m_3 个松弛变量组成的 m_3 维列向量。此时，上述线性规划问题变为

$$\begin{aligned} \min \quad & \boldsymbol{cx} + 0\boldsymbol{x}_\text{s} + 0\boldsymbol{x}_\text{t} \\ \text{s.t.} \quad & \begin{bmatrix} \boldsymbol{A}_1 & -\boldsymbol{I}_{m_1} & 0 \\ \boldsymbol{A}_2 & 0 & 0 \\ \boldsymbol{A}_3 & 0 & \boldsymbol{I}_{m_3} \end{bmatrix} \begin{bmatrix} \boldsymbol{x} \\ \boldsymbol{x}_\text{s} \\ \boldsymbol{x}_\text{t} \end{bmatrix} = \begin{bmatrix} \boldsymbol{b}_1 \\ \boldsymbol{b}_2 \\ \boldsymbol{b}_3 \end{bmatrix} \\ & \boldsymbol{x}, \boldsymbol{x}_\text{s}, \boldsymbol{x}_\text{t} \geqslant 0 \end{aligned} \tag{5.8}$$

其中，$\boldsymbol{I}_{m_1}$ 是 $m_1 \times m_1$ 单位矩阵；$\boldsymbol{I}_{m_3}$ 是 $m_3 \times m_3$ 单位矩阵。

按照非对称对偶问题的定义，式（5.8）的对偶问题为

$$\begin{aligned} \max \quad & \boldsymbol{w}_1\boldsymbol{b}_1 + \boldsymbol{w}_2\boldsymbol{b}_2 + \boldsymbol{w}_3\boldsymbol{b}_3 \\ \text{s.t.} \quad & \boldsymbol{w}_1\boldsymbol{A}_1 + \boldsymbol{w}_2\boldsymbol{A}_2 + \boldsymbol{w}_3\boldsymbol{A}_3 \leqslant \boldsymbol{c} \\ & \boldsymbol{w}_1 \geqslant 0 \\ & \boldsymbol{w}_2 \text{无正负限制} \\ & \boldsymbol{w}_3 \leqslant 0 \end{aligned} \tag{5.9}$$

其中，$\boldsymbol{w}_1$、$\boldsymbol{w}_2$ 和 $\boldsymbol{w}_3$ 分别是由变量组成的 m_1 维、m_2 维与 m_3 维行向量。式（5.9）是式（5.7）的对偶问题。

由式（5.9）可知，原问题中的约束条件 $\boldsymbol{A}_1\boldsymbol{x} \geqslant \boldsymbol{b}_1$ 对应的对偶变量 $\boldsymbol{w}_1$ 有非负限制，$\boldsymbol{A}_2\boldsymbol{x} = \boldsymbol{b}_2$ 对应的对偶变量 $\boldsymbol{w}_2$ 无正负限制，$\boldsymbol{A}_3\boldsymbol{x} \leqslant \boldsymbol{b}_3$ 对应的对偶变量 $\boldsymbol{w}_3$ 有非正限制。

从上述 3 种形式的对偶问题中可以看出，原问题和对偶问题是互为对偶的。因为对偶问题也是线性规划问题，也有对偶问题，它的对偶问题即原来对偶问题的原问题。所以，互为对偶的两个线性规划问题中的任何一个问题均可作为原问题，另一个问题即对偶问题。

根据以上分析，线性规划中的对偶问题的一般规则可以归纳为以下几点。

（1）若原问题是极大化问题，则对偶问题是极小化问题；若原问题是极小化问题，则对偶问题是极大化问题。

（2）在原问题和对偶问题中，约束条件的右端向量与目标函数中的系数向量恰好对换。

（3）对于极小化问题的“≥”型约束条件（极大化问题中的“≤”型约束条件），相应的对偶变量有非负限制；对于极小化问题的“≤”型约束条件（极大化问题的“≥”型约束条件），相应的对偶变量有非正限制；对于原问题的“=”型约束条件，相应的对偶变量无正负限制。

（4）对于极小化问题中具有非负限制的变量（极大化问题中具有非正限制的变量），在其

对偶问题中，相应的约束条件为“≤”型不等式；对于极小化问题中具有非正限制的变量（极大化问题中具有非负限制的变量），在其对偶问题中，相应的约束条件为“≥”型不等式；对于原问题中无正负限制的变量，在其对偶问题中，相应的约束条件为等式。

上述变量和约束条件的符号规则可以用表格更加清晰地展示出来。表 5.2 所示为任意形式的线性规划问题与对偶问题的关系，展示了原问题的约束不等式方向、变量符号与对偶问题的变量符号、约束不等式方向的对应关系。

表 5.2 任意形式的线性规划问题与对偶问题的关系

	原问题（max）		对偶问题（min）
约束条件	≤	变量符号	≥0
	≥		≤0
	=		无正负限制
变量符号	≥0	约束条件	≥
	≤0		≤
	无正负限制		=

根据表 5.2 中的对应关系，可以直接写出非对称形式的线性规划问题的对偶问题，而不需要将其转化为对称形式。

例 5.4 写出下列线性规划问题的对偶问题：

$$
\begin{aligned}
\max \quad & 2x_1 + x_2 + 4x_3 \\
\text{s.t.} \quad & 2x_1 + 3x_2 + x_3 \geqslant 1 \\
& 3x_1 - x_2 + x_3 \leqslant 4 \\
& x_1 + x_3 = 3 \\
& x_1 \geqslant 0,\quad x_2 \leqslant 0,\quad x_3\text{无正负限制}
\end{aligned}
$$

解：根据表 5.2 中的对应关系，该线性规划问题的对偶问题可以直接写为

$$
\begin{aligned}
\min \quad & w_1 + 4w_2 + 3w_3 \\
\text{s.t.} \quad & 2w_1 + 3w_2 + w_3 \geqslant 2 \\
& 3w_1 - w_2 \leqslant 1 \\
& w_1 + w_2 + w_3 = 4 \\
& w_1 \leqslant 0,\quad w_2 \geqslant 0,\quad w_3\text{无正负限制}
\end{aligned}
$$

5.1.3 对偶定理

前面着重讨论了如何写出一个线性规划问题的对偶问题。原问题及其对偶问题的最优解之间也自然存在着密切的关系。本节从对称形式的对偶问题出发，介绍对偶问题的一些性质，并证明相关重要定理。由于不同形式的对偶问题可以相互转化，因此相应的结论也可以很容易推广到其他形式的对偶问题上。

定理 5.1（弱对偶原理） 设 $\boldsymbol{x}^{(0)}$ 和 $\boldsymbol{w}^{(0)}$ 分别是原问题式（5.3）及其对偶问题式（5.4）的可行解，则 $\boldsymbol{c}\boldsymbol{x}^{(0)} \geqslant \boldsymbol{w}^{(0)}\boldsymbol{b}$。

证明：由于 $\boldsymbol{A}\boldsymbol{x}^{(0)} \geqslant \boldsymbol{b}$，$\boldsymbol{w}^{(0)} \geqslant 0$，因此有

$$w^{(0)}Ax^{(0)} \geqslant w^{(0)}b \tag{5.10}$$

由于 $c \geqslant w^{(0)}A$， $x^{(0)} \geqslant 0$，因此有

$$cx^{(0)} \geqslant w^{(0)}Ax^{(0)} \tag{5.11}$$

由式（5.10）和式（5.11）可得

$$cx^{(0)} \geqslant w^{(0)}b$$

定理 5.1 表明，就原问题与对偶问题的可行解而言，对于相互对偶的两个线性规划问题，每个线性规划问题的任何一个可行解处的目标函数值都给出了另一个线性规划问题的目标函数值的界。极小化问题给出极大化问题的目标函数值的上界，极大化问题给出极小化问题的目标函数值的下界。

由定理 5.1 可以得到以下两个重要推论。

推论 1　若 $x^{(0)}$ 和 $w^{(0)}$ 分别是原问题与对偶问题的可行解，且 $cx^{(0)} = w^{(0)}b$，则 $x^{(0)}$ 和 $w^{(0)}$ 分别是原问题与对偶问题的最优解。

证明　考虑对称形式的对偶问题，只需证明 $x^{(0)}$ 是原问题的最优解即可。设 x 为原问题的可行解，由定理 5.1 可得

$$c^{\mathrm{T}}x \geqslant w^{(0)}b = c^{\mathrm{T}}x^{0}$$

因此，$x^{(0)}$ 是原问题的最优解。同理，$w^{(0)}$ 也是对偶问题的最优解。

推论 2　若原问题式（5.3）和对偶问题式（5.4）之一的目标函数值无界，则另一个线性规划问题无可行解。

证明：若对偶问题的目标函数值无上界，则原问题不可行；否则，设 $x^{(0)}$ 是原问题的可行解，$w^{(0)}$ 是对偶问题的可行解，由定理 5.1 可知，$cx^{(0)} \geqslant w^{(0)}b$，这与对偶问题无上界矛盾。

定理 5.2（强对偶原理）　设原问题和对偶问题中有一个存在最优解，则另一个也存在最优解，并且它们的目标函数的最优值相等。

证明　使用非对称形式的对偶问题进行证明，对于以下线性规划问题：

$$\begin{aligned} \min\quad & cx \\ \text{s.t.}\quad & Ax=b \\ & x \geqslant 0 \end{aligned} \tag{5.12}$$

设 $x^{(0)}$ 是式（5.12）的最优解，相应的最优基矩阵为 B，则判别数小于 0，因此 $c_B^{\mathrm{T}}B^{-1}A - c^{\mathrm{T}} \leqslant 0$。令 $w^{(0)} = (B^{-1})^{\mathrm{T}}c_B$（$(w^{*})^{\mathrm{T}} = c_B{}^{\mathrm{T}}B^{-1}$），则有 $A^{\mathrm{T}}w^{(0)} \leqslant c$，因此，$w^{(0)}$ 满足对偶问题

$$\begin{aligned} \max\quad & wb \\ \text{s.t.}\quad & wA \leqslant c \\ & w\text{无正负限制} \end{aligned} \tag{5.13}$$

的约束条件，即 $w^{(0)}$ 是对偶问题式（5.13）的可行解。

由于 $x^{(0)}$ 是原问题式（5.12）的最优解，因此有

$$c^{\mathrm{T}}x^{(0)} = c^{\mathrm{T}}B^{-1}b = w^{(0)\mathrm{T}}b = b^{\mathrm{T}}w^{(0)}$$

由定理 5.1 的推论 1 可知，$w^{(0)}$ 是对偶问题式（5.13）的最优解，且原问题式（5.12）和对偶问题式（5.13）的目标函数的最优值相等。类似地，可以证明，如果对偶问题式（5.13）存在

最优解，则原问题式（5.12）也存在最优解，且两个目标函数的最优值相等。

定理 5.3（松弛互补定理） 设 $\boldsymbol{x}^{(0)}$ 和 $\boldsymbol{w}^{(0)}$ 分别是原问题式（5.3）与对偶问题式（5.4）的可行解，则 $\boldsymbol{x}^{(0)}$ 和 $\boldsymbol{w}^{(0)}$ 分别是原问题式（5.3）和对偶问题式（5.4）的最优解的充要条件是

$$\boldsymbol{w}^{(0)\mathrm{T}}(\boldsymbol{A}\boldsymbol{x}^{(0)}-\boldsymbol{b})=0 \tag{5.14}$$

$$(\boldsymbol{c}^{\mathrm{T}}-\boldsymbol{w}^{(0)\mathrm{T}}\boldsymbol{A})\boldsymbol{x}^{(0)}=0 \tag{5.15}$$

证明： 若 $\boldsymbol{x}^{(0)}$ 和 $\boldsymbol{w}^{(0)}$ 分别是原问题式（5.3）与对偶问题式（5.4）的可行解，则有

$$\boldsymbol{b}^{\mathrm{T}}\boldsymbol{w}^{(0)}=\boldsymbol{w}^{(0)\mathrm{T}}\boldsymbol{b}\leqslant \boldsymbol{w}^{(0)}\boldsymbol{A}\boldsymbol{x}^{(0)}\leqslant \boldsymbol{c}^{\mathrm{T}}\boldsymbol{x}^{(0)} \tag{5.16}$$

充分性：若 $\boldsymbol{x}^{(0)}$ 和 $\boldsymbol{w}^{(0)}$ 分别为原问题式（5.3）与对偶问题式（5.4）的最优解，则由定理 5.2 可知，它们的目标函数值相等，即 $\boldsymbol{b}^{\mathrm{T}}\boldsymbol{w}^{(0)}=\boldsymbol{c}^{\mathrm{T}}\boldsymbol{x}^{(0)}$，由式（5.16）可推导出式（5.14）和式（5.15）同时成立。

必要性：若式（5.14）和式（5.15）同时成立，则有 $\boldsymbol{b}^{\mathrm{T}}\boldsymbol{w}^{(0)}=\boldsymbol{c}^{\mathrm{T}}\boldsymbol{x}^{(0)}$，因此，$\boldsymbol{x}^{(0)}$ 和 $\boldsymbol{w}^{(0)}$ 分别是原问题式（5.3）与对偶问题式（5.4）的最优解。

5.1.4 对偶问题的经济含义——影子价格

考虑以下原问题

$$\begin{aligned} \min\quad & z=\boldsymbol{c}\boldsymbol{x} \\ \text{s.t.}\quad & \boldsymbol{A}\boldsymbol{x}\leqslant \boldsymbol{b} \\ & \boldsymbol{x}\geqslant \boldsymbol{0} \end{aligned} \tag{5.17}$$

和对偶问题

$$\begin{aligned} \max\quad & y=\boldsymbol{w}\boldsymbol{b} \\ \text{s.t.}\quad & \boldsymbol{w}\boldsymbol{A}\geqslant \boldsymbol{c} \\ & \boldsymbol{w}\geqslant \boldsymbol{0} \end{aligned} \tag{5.18}$$

若 $\boldsymbol{B}$ 是原问题的最优基矩阵，则 $\boldsymbol{c}_B$ 是此时基变量的目标函数系数向量，$\boldsymbol{x}^*$ 和 $\boldsymbol{w}^*$ 分别是它们的最优解，z^* 和 y^* 分别是对应的最优值。$\boldsymbol{b}$ 是原问题约束条件的右端项，b_i 是第 i 种资源的上界。

已知 $z^*=y^*$，即

$$z^*=y^*=\boldsymbol{c}_B^{\mathrm{T}}\boldsymbol{B}^{-1}\boldsymbol{b}=\boldsymbol{w}^{*\mathrm{T}}\boldsymbol{b} \tag{5.19}$$

对 b_i 求偏导数得

$$\frac{\partial z^*}{\partial b_i}=w_i^*=(\boldsymbol{c}_B^{\mathrm{T}}\boldsymbol{B}^{-1})_i,\quad i=1,2,\cdots,m \tag{5.20}$$

由式（5.20）可知，如果约束条件右端项 $\boldsymbol{b}$ 中的某个常数项 b_i 增加 1 个单位，则目标函数的最优值 z^* 将改变 w_i^*，称 w_i^* 为**影子价格**或**对偶价格**。

下面介绍影子价格[3]的意义。

影子价格是指当约束条件右端项的常数项 b_i 增加 1 个单位时，产生的对目标函数的最优值的贡献（在极大化问题中使目标函数值增大，在极小化问题中使目标函数值减小）。

影子价格是就某一具体的约束条件而言的，而问题中的所有其他数据都保持不变。若把 b_i 看作某一资源的上界，则影子价格也可以理解为目标函数的最优值对资源的一阶偏导数。

因此，对偶变量 w_i^* 的意义是，在当前的基本解中，对第 i 种资源的单位估价（或对目标函数的利润贡献）。这种估价不是资源的市场价格，而是对其在生成中的贡献而做出的估价，为了和产品的价格进行区别，把该价格称为影子价格。

由于资源的市场价格是已知的，相对比较稳定，而它的影子价格则依赖资源的利用情况，是未知的。因此，系统内部的资源数量和价格的任何变化都会引起影子价格的变化，即公司的生产任务、产品结构等情况一旦发生变化，资源的影子价格一般也会随之改变。从这种意义上讲，影子价格是一种动态价格，换一种角度，资源的影子价格实际上是一种机会成本。

5.2　对偶单纯形方法

5.2.1　对偶单纯形方法的基本思想

对偶单纯形方法是 Lemke（兰姆凯）在 1954 年提出的。单纯形方法的基本思想是在可行解集的顶点上进行迭代，而对偶单纯形方法的基本思想是在对偶问题的可行解集顶点上进行迭代。因此，现在寻找这样一种方法，目标是从求解原问题出发，但不是从它的基本可行解集中寻找最优解，而是从对偶问题的可行解集中逐步搜索原问题的最优解，这种方法称为**对偶单纯形方法**。

考虑以下线性规划问题：

$$\begin{aligned} \min \quad & \boldsymbol{cx} \\ \text{s.t.} \quad & \boldsymbol{Ax}=\boldsymbol{b} \\ & \boldsymbol{x} \geqslant \boldsymbol{0} \end{aligned} \tag{5.21}$$

其对偶问题为

$$\begin{aligned} \max \quad & y=\boldsymbol{wb} \\ \text{s.t.} \quad & \boldsymbol{wA} \leqslant \boldsymbol{c} \end{aligned} \tag{5.22}$$

定义 5.1　设 $\boldsymbol{x}^{(0)}$ 是式（5.21）的一个基本可行解，它对应的基矩阵为 $\boldsymbol{B}$，记 $\boldsymbol{w}=\boldsymbol{c}_B\boldsymbol{B}^{-1}$，若 $\boldsymbol{w}$ 是式（5.21）的对偶问题的可行解，即对所有 j，都有 $\boldsymbol{wp}_j-c_j \leqslant 0$ 成立，则称 $\boldsymbol{x}^{(0)}$ 为原问题的对偶可行的基本解。

根据上述定义，对偶可行的基本解不一定是原问题的可行解。当对偶可行的基本解是原问题的可行解时，由于判别数均小于或等于零，因此它是原问题的最优解。

对偶单纯形方法的基本思想是，从原问题的一个对偶可行的基本解出发，求改进的对偶可行的基本解，当得到的对偶可行的基本解是原问题的可行解时，找到最优解。改进的对偶可行的基本解有以下含义。

每个对偶可行的基本解 $\boldsymbol{x}=\begin{bmatrix}\boldsymbol{x}_B\\ \boldsymbol{0}\end{bmatrix}$ 都对应一个对偶问题的可行解 $\boldsymbol{w}=\boldsymbol{c}_B\boldsymbol{B}^{-1}$，相应的对偶问题的目标函数值为 $\boldsymbol{wb}=\boldsymbol{c}_B\boldsymbol{B}^{-1}\boldsymbol{b}$。所谓的改进的对偶可行的基本解，就是指对于原问题的这个基本解，相应的对偶问题的目标函数值 $\boldsymbol{wb}$ 有改进。

求改进的对偶可行的基本解的过程也是选择离基变量和进基变量，并进行主元消去的过程。这与单纯形方法类似，可在原问题的单纯形表上进行。与前面介绍的单纯形方法的区别是，在单纯形方法的迭代过程中，始终保持右端列（目标函数值除外）非负，即保持原问题的可行性；而在对偶单纯形方法中，要保持所有判别数 $\boldsymbol{wp}_j - c_j \leqslant 0$（对于极小化问题），而不要求右端列各分量均非负，即保持解是对偶可行的。下面分析在对偶单纯形方法中怎样选择离基变量和进基变量。

设在每次迭代后都得到如下对偶单纯形表：

	x_1	…	x_j	…	x_k	…	x_n	
x_{B_1}	y_{11}	…	y_{1j}	…	y_{1k}	…	y_{1n}	$\bar{b}_1$
⋮	⋮		⋮		⋮		⋮	⋮
x_{B_r}	y_{r1}	…	y_{rj}	…	y_{rk}	…	y_{rn}	$\bar{b}_r$
⋮	⋮		⋮		⋮		⋮	⋮
x_{B_m}	y_{m1}	…	y_{mj}	…	y_{mk}	…	y_{mn}	$\bar{b}_m$
	$z_1 - c_1$	…	$z_j - c_j$	…	$z_k - c_k$	…	$z_n - c_n$	$\boldsymbol{c}_B \bar{\boldsymbol{b}}$

其中的判别数 $z_j - c_j \leqslant 0 (j = 1,2,\cdots,n)$。如果右端列 $\bar{\boldsymbol{b}} = (\bar{b}_1, \bar{b}_2 \cdots, \bar{b}_r, \cdots, \bar{b}_m)^{\mathrm{T}} \geqslant 0$，则现行的基本解是最优基本可行解，即最优解；如果 $\bar{\boldsymbol{b}} \leqslant 0$，则现行的基本解 $\boldsymbol{x}_B = \bar{\boldsymbol{b}}$，$\boldsymbol{x}_N = 0$ 是对偶可行的基本解，但不是原问题的可行解。这时，需要确定离基变量和进基变量，求改进的对偶可行的基本解。

在对偶单纯形方法中，首先确定离基变量。为了保持在对偶可行的条件下求得原问题的可行解，应选择取负数的基变量作为离基变量。如果 $\bar{b}_r \leqslant 0$，则取 x_{B_r} 为离基变量。然后确定进基变量。为保持对偶可行性，需要用第 r 行的负元除相应的判别数，从中选择最小比值。令

$$\frac{z_k - c_k}{y_{rk}} = \min_j \left\{ \frac{z_j - c_j}{y_{rj}} \mid y_{rj} < 0 \right\} \tag{5.23}$$

则 x_k 作为进基变量，以 y_{rk} 为主元进行主元消去，实现基的转换，得到新的对偶可行的基本解。下面分析上述转换能够改进对偶可行的基本解的原因，主要有以下 3 点。

（1）由于主元消去前 y_{rk} 与 b_r 同为负数，因此主元消去后右端列第 r 个分量变为正数。这有利于基本解向着满足对偶可行性的方向转化。

（2）主元消去后仍然保持对偶可行性，即所有判别数均小于或等于零（对于极小化问题）。

主元消去后，判别数为

$$(z_j - c_j)' = (z_j - c_j) - \frac{z_k - c_k}{y_{rk}} y_{rj} \tag{5.24}$$

其中，等号右端是主元消去前的数据，且

$$\frac{z_k - c_k}{y_{rk}} \geqslant 0$$

如果 $y_{rj} \geqslant 0$，则显然有

$$(z_j - c_j)' \leqslant (z_j - c_j) \leqslant 0$$

如果 $y_{rj}<0$，则由式（5.23）可得

$$\frac{z_k-c_k}{y_{rk}}\leqslant\frac{z_j-c_j}{y_{rj}}$$

由此可得

$$z_j-c_j\leqslant\frac{z_k-c_k}{y_{rk}}y_{rj}$$

因此，必有

$$(z_j-c_j)'\leqslant 0 \tag{5.25}$$

（3）主元消去后，对偶问题的目标函数值增大（至少不减小）。在对偶单纯形表中，右下角的数据为

$$\boldsymbol{c}_B\bar{\boldsymbol{b}}=\boldsymbol{c}_B\boldsymbol{B}^{-1}\boldsymbol{b}=\boldsymbol{wb}$$

它既是原问题在对偶可行的基本解（不一定是原问题的可行解）处的目标函数值，又是对偶问题在可行解 $\boldsymbol{w}$ 处的目标函数值。主元消去前后目标函数值之间的关系为

$$(\boldsymbol{c}_B\bar{\boldsymbol{b}})'=\boldsymbol{c}_B\bar{\boldsymbol{b}}-\frac{z_k-c_k}{y_{rk}}\bar{b}_r \tag{5.26}$$

其中，$(\boldsymbol{c}_B\bar{\boldsymbol{b}})'$ 是主元消去后的目标函数值；等号右端均是主元消去前的数据。由于

$$\frac{z_k-c_k}{y_{rk}}\bar{b}_r\leqslant 0$$

因此，有

$$(\boldsymbol{c}_B\bar{\boldsymbol{b}})'\geqslant\boldsymbol{c}_B\bar{\boldsymbol{b}} \tag{5.27}$$

即对偶问题的目标函数值在迭代过程中单调增（非减）。这一事实表明，对偶问题的可行解 $\boldsymbol{w}$ 越来越接近最优解。自然，原问题的对偶可行的基本解将向着满足对偶可行性的方向转化，从而接近原问题的最优解。

如果每次迭代中均有 $z_k-c_k<0$，则由式（5.26）可知，对偶问题的目标函数值 $\boldsymbol{wb}$ 经过迭代严格递增。这样，各次迭代得到互不相同的对偶可行的基本解（当最优解存在时）。

在迭代中也可能出现这样的情形，即当 $\bar{b}_r<0$ 时，第 r 行无负元，因此不能确定下标 k。这种情形表明，原问题中的变量取任何非负数时都不能满足第 r 个方程，因此无可行解。

5.2.2　计算步骤

根据前面的分析，对偶单纯形方法的计算步骤如下。

（1）给定一个初始对偶可行的基本解，设相应的基矩阵为 $\boldsymbol{B}$。

（2）若 $\bar{\boldsymbol{b}}=\boldsymbol{B}^{-1}\boldsymbol{b}\geqslant 0$，则停止计算，现行对偶可行的基本解即最优解；否则，令

$$\bar{b}_r=\min_i\left\{\bar{b}_i\right\}<0$$

（3）若对所有 j，$y_{rj}\geqslant 0$，则停止计算，原问题无可行解；否则，令

$$\frac{z_k - c_k}{y_{rk}} = \min_i \left\{ \frac{z_j - c_j}{y_{rj}} \mid y_{rj} < 0 \right\}$$

（4）以 y_{rk} 为主元进行主元消去，返回步骤（2）。

下面举例说明对偶单纯形方法的迭代过程。

例 5.5 用对偶单纯形方法求解下列线性规划问题：

$$\begin{aligned} \min \quad & 12x_1 + 8x_2 + 16x_3 + 12x_4 \\ \text{s.t.} \quad & 2x_1 + x_2 + 4x_3 \geqslant 2 \\ & 2x_1 + 2x_2 + 4x_4 \geqslant 3 \\ & x_j \geqslant 0, \quad j = 1, 2, \cdots, 4 \end{aligned}$$

解：首先引入松弛变量 x_5 和 x_6，把上述线性规划问题化成标准形式：

$$\begin{aligned} \min \quad & 12x_1 + 8x_2 + 16x_3 + 12x_4 \\ \text{s.t.} \quad & 2x_1 + x_2 + 4x_3 - x_5 = 2 \\ & 2x_1 + 2x_2 + 4x_4 - x_6 = 3 \\ & x_j \geqslant 0, \quad j = 1, 2, \cdots, 6 \end{aligned}$$

为得到一个对偶可行的基本解，将每个约束条件两端乘以–1。这样，变换后的稀疏矩阵中含有二阶单位矩阵，从而给出基本解，即

$$(x_5, x_6) = (-2, -3), \qquad x_j = 0, \quad j = 1, 2, \cdots, 4$$

该基本解是对偶可行的。将变换后的系数置于如下初始单纯形表中：

	x_1	x_2	x_3	x_4	x_5	x_6	
x_5	–2	–1	–4	0	1	0	–2
x_6	–2	–2	0	$\boxed{-4}$	0	1	–3
	–12	–8	–16	–12	0	1	0

由于 $\bar{b}_2 = \min\{-2, -3\} = -3$，因此第 2 行为主行。由于

$$\frac{z_4 - c_4}{y_{24}} = \min\left\{ \frac{-12}{-2}, \frac{-8}{-2}, \frac{-12}{-4} \right\} = \frac{-12}{-4}$$

因此第 4 列为主列，以 $y_{24} = -4$ 为主元进行主元消去，得到如下主元消去表：

	x_1	x_2	x_3	x_4	x_5	x_6	
x_5	–2	–1	–4	0	1	0	–2
x_4	$\frac{1}{2}$	$\frac{1}{2}$	0	1	0	$-\frac{1}{4}$	$\frac{3}{4}$
	–6	–2	–16	0	0	–3	9

其中，$\bar{b}_1 = -2$，第 1 行为主行。由于

$$\frac{z_2 - c_2}{y_{12}} = \min\left\{ \frac{-6}{-2}, \frac{-2}{-1}, \frac{-16}{-4} \right\} = \frac{-2}{-1}$$

因此第 2 列为主列，以 $y_{12} = -1$ 为主元进行主元消去，得到如下主元消去表：

	x_1	x_2	x_3	x_4	x_5	x_6	
x_2	2	1	4	0	−1	0	2
x_4	$\boxed{-\frac{1}{2}}$	0	−2	1	$\frac{1}{2}$	$-\frac{1}{4}$	$-\frac{1}{4}$
	−2	0	−8	0	−2	−3	13

其中，$\bar{b}_2=-\frac{1}{4}$，第 2 行为主行。由于

$$\frac{z_1-c_1}{y_{21}}=\frac{z_3-c_3}{y_{23}}=\min\left\{\frac{-2}{-\frac{1}{2}},\frac{-8}{-2},\frac{-3}{-\frac{1}{4}}\right\}$$

因此可从第 1 列和第 3 列中任选一列，如选择第 1 列作为主列。此时，以 $y_{21}=-\frac{1}{2}$ 为主元进行主元消去，得到如下主元消去表：

	x_1	x_2	x_3	x_4	x_5	x_6	
x_2	0	1	−4	4	1	−1	1
x_1	1	0	4	−2	−1	$\frac{1}{2}$	$\frac{1}{2}$
	0	0	0	−4	−4	−2	14

由于 $\bar{\boldsymbol{b}}\geqslant 0$，现行对偶可行的基本解也是可行解，因此得到的最优解为 $(x_1,x_2,x_3,x_4)=\left(\frac{1}{2},1,0,0\right)$，目标函数的最优值为 $f_{\min}=14$。从上述最优单纯形表中还可得到对偶问题的最优解为 $(w_1,w_2)=(4,2)$。

5.2.3　对偶单纯形方法的 MATLAB 实现

根据对偶单纯形方法的计算步骤，下面给出对偶单纯形方法的 MATLAB 实现函数[4]，具体代码如下：

```
function  [xm,fm,noi]=duioudcxf(A,b,c)
%对偶单纯形方法求解标准形式的线性规划问题：min cx s.t. Ax=b，x≥0
%输入参数：c 为目标函数系数，A 为约束方程组系数矩阵，b 为约束方程组常数项
%输出参数：xm 为最优解，fm 为最优函数值，noi 为迭代次数
Format rat
[m,n]=size(A);
V=nchoosek(1:n,m);
index_Basis=[];
%提取基变量所在列
for i=1:size(v,1)
   if A(:,v(i,:))==eye(m)
      index_Basis=v(i,:);
end
End
%提取非基变量索引
```

```
ind_Nonbasis=setdiff(1:n,index_Basis);
Noi=0;
while true
    x0=zeros(n,1);
    x0(index_Basis)=b;
    cB=c(index_Basis);
%判断最优解
  if ~any(b < 0)                    %此基本可行解为最优解
      xm = x0;
      fm = c'*xm;
      return
  end
% 判断问题是否有解
  index=find(b<0);
  for i = 1:numel(index)
      if all(A(index(i),:)>=0) %在 b<0 的元素中，所对应行的所有元素都大于 0
          xm=[];
          fm = [];                  %原问题无可行解，对偶问题存在无界解
          return
      end
  end
% 选择进基变量和离基变量
  Sigma = zeros(1,n);
  Sigma(ind_Nonbasis) = c(ind_Nonbasis)' - cB'*A(:,ind_Nonbasis);
                                    %计算判别数
  [~,q] = min(b);                   %选出 b 中最小的数
  r = index_Basis(q);               %确定离基变量索引 r
  Theta = Sigma ./ A(q,:);          %计算 Theta
  Theta(Theta>=0) =-1000000;        %剔除 Theta>0 的部分
 [~,s] = max(Theta);                %筛选出最大的 Theta，确定进基变量索引 s，
                                     主元为 A(q,s)
% 换基
  index_Basis(index_Basis == r) = s; %原基变量为 r 的索引更换成新的基变量索引 s
  ind_Nonbasis = setdiff(1:n, index_Basis);   %筛选出非基变量索引
% 核心—旋转运算
A(:,ind_Nonbasis) = A(:,index_Basis) \ A(:,ind_Nonbasis);
%核心—非基变量部分=基变量索引的矩阵的逆×剩余非基变量的矩阵
b = A(:,index_Basis) \ b;
%核心—约束方程组常数项=基变量索引的矩阵的逆×原约束方程组常数项
A(:,index_Basis) = eye(m);
%核心—基变量索引的矩阵变换成单位矩阵
  noi=noi+1;
end
end
```

下面用对偶单纯形方法进行线性规划问题的求解，代码如下：

```
clc,clear;
```

```
A=[-2 -4 -5 -1  1  0  0;
   -3  1 -7  2  0  1  0;
   -5 -2 -1 -6  0  0  1];
b=[0 -2 -15]';
c=[3 2 1 4  0  0  0]';
[xm,fm,noi] = duioudcxf(A,b,c);
disp('最优解为：');
disp(xm);
disp('最优函数值为：');
disp(fm);
disp('迭代次数为：');
disp(noi);
```

实验结果如下：

```
最优解为：
     3
     0
     0
     0
     6
     7
     0

最优函数值为：
     9

迭代次数为：
     1
```

5.3　灵敏度分析

在前面讨论的线性规划问题中，假定各系数向量 $\boldsymbol{c}$、约束矩阵 $\boldsymbol{A}$ 和右端向量 $\boldsymbol{b}$ 都是常量，且都是已知数据。然而，在许多实际问题中，这些数据往往为估计或预测数据，需要根据实际情况进行变换，如市场调节的改变会引起价值系数 c_j（向量 $\boldsymbol{c}$ 的元素）的改变，约束条件中的系数 a_{ij}（约束矩阵 $\boldsymbol{A}$ 中的元素）往往随工艺技术条件的改变而改变。因此，我们需要研究数据的变化对最优解产生的影响，这对解决实际问题具有重要意义[2]。本节考虑的线性规划问题仍然为

$$\begin{aligned} \min\quad & \boldsymbol{cx} \\ \text{s.t.}\quad & \boldsymbol{Ax}=\boldsymbol{b} \\ & \boldsymbol{x}\geqslant \boldsymbol{0} \end{aligned} \tag{5.28}$$

下面简要介绍系数向量 $\boldsymbol{c}$、约束矩阵 $\boldsymbol{A}$ 和右端向量 $\boldsymbol{b}$ 的改变给最优解带来的影响。

5.3.1　改变系数向量 c

设线性规划问题式（5.28）的最优解为 $\boldsymbol{x}_B=\boldsymbol{B}^{-1}\boldsymbol{b}$，$\boldsymbol{x}_N=0$，目标函数的最优值为

$f = c_B B^{-1} b$，其中 B 是最优可行基矩阵。

在其他参数不改变的情况下，系数 c_k 改变为 c_k'，下面分两种情形讨论。

（1）c_k 为非基变量 x_k 的系数。

由于基变量的系数向量 c_B 不改变，因此 $z_j = c_B B^{-1} p_j$ 不改变。如果 $z_k - c_k' \leqslant 0$，则原问题的最优解也是新问题的最优解，且目标函数的最优值仍为 $c_B B^{-1} b$。如果 $z_k - c_k' > 0$，则判别数大于 0，x_k 为进基变量。因此，首先需要把原来的最优单纯形表中的 $z_k - c_k$ 变换成 $z_k - c_k'$，然后用单纯形方法求新问题的最优解。

（2）c_k 为基变量 x_k 的系数。

由于基变量的系数向量 c_B 改变，因此 c_k 的改变会影响各判别数。c_k 改变为 c_k' 后，令 $\Delta c_k = c_k' - c_k$，则判别数改变为

$$\begin{aligned} z_j' - c_j' &= c_B' B^{-1} p_j - c_j' = [c_B + \Delta c_k e_t^{\mathrm{T}}] B^{-1} p_j - c_j' \\ &= (z_j - c_j') + \Delta c_k y_{tj} \end{aligned} \tag{5.29}$$

① 当 $j \neq k$ 时，有

$$z_j' - c_j' = (z_j - c_j) + \Delta c_k y_{tj} \tag{5.30}$$

② 当 $j = k$ 时，$y_{tk} = 1$，$z_k - c_k = 0$，因此有

$$z_k' - c_k' = (z_k - c_k') + \Delta c_k = z_k - c_k - \Delta c_k + \Delta c_k = z_k - c_k = 0 \tag{5.31}$$

目标函数值为

$$c_B' B^{-1} b = [c_B + \Delta c_k e_t^{\mathrm{T}}] B^{-1} b = c_B B^{-1} b + \Delta c_k \overline{b}_t \tag{5.32}$$

由式（5.29）～式（5.32）可知，c_k 改变为 c_k' 后，只要把原来单纯形表的第 t 行的 Δc_k 倍加到判别数行，并使 x_k 对应的判别数为 $z_k' - c_k' = 0$，即可用单纯形方法继续进行下去，直至求出新问题的最优解。

例 5.6 给定以下线性规划问题：

$$\begin{aligned} \max \quad & -x_1 + 2x_2 + x_3 \\ \text{s.t.} \quad & x_1 + x_2 + x_3 \leqslant 5 \\ & 2x_1 - x_2 \leqslant 4 \\ & x_1, x_2, x_3 \geqslant 0 \end{aligned}$$

其初始单纯形表如下：

	x_1	x_2	x_3	x_4	x_5	
x_2	1	1	1	1	0	6
x_5	3	0	1	1	1	10
	3	0	1	2	0	12

考虑以下两个问题。

（1）把 $c_1 = -1$ 改变为 $c_1' = 4$，求新问题的最优解。

（2）讨论 c_2 在什么范围内变化时，原问题的最优解也是新问题的最优解（目标函数的最优值可以不同）。

解：（1）由于 x_1 是非基变量，因此改变 c_1 只影响 x_1 对应的判别数。c_1 改变后，在现行基下，x_1 对应的判别数为

$$z_1 - c_1' = (z_1 - c_1) + (c_1 - c_1') = 3 + (-1 - 4) = -2 < 0$$

因此，将初始单纯形表中的 x_1 对应的判别数改为–2，并在此基础上继续迭代，得到如下主元消去表：

	x_1	x_2	x_3	x_4	x_5	
x_2	1	1	1	1	0	6
x_5	[3]	0	1	1	1	10
	–2	0	1	2	0	12
x_2	0	1	$\frac{2}{3}$	$\frac{2}{3}$	$-\frac{1}{3}$	$\frac{8}{3}$
x_1	1	0	$\frac{1}{3}$	$\frac{1}{3}$	$\frac{1}{3}$	$\frac{10}{3}$
	0	0	$\frac{5}{3}$	$\frac{8}{3}$	$\frac{2}{3}$	$\frac{56}{3}$

由此得到的新问题的最优解为 $\bar{\boldsymbol{x}} = (x_1, x_2, x_3) = \left(\frac{10}{3}, \frac{8}{3}, 0\right)$，目标函数的最优值为 $f_{\max} = \frac{56}{3}$。

（2）由于 x_2 是基变量，因此改变 c_2 将影响各判别数。设 c_2 改变为 c_2'，各判别数的变化为

$$\begin{aligned}
&z_2' - c_2' = 0 \\
&z_1' - c_1' = 3 + (c_2' - 2) \times 1 = 1 + c_2' \\
&z_3' - c_3' = 1 + (c_2' - 2) \times 1 = -1 + c_2' \\
&z_4' - c_4' = 2 + (c_2' - 2) \times 1 = c_2' \\
&z_5' - c_5' = 0 + (c_2' - 2) \times 0 = 0
\end{aligned}$$

令所有判别数 $z_j' - c_j' \geqslant 0$，即

$$z_j' - c_j' \geqslant 0, \begin{cases} 1 + c_2' \geqslant 0 \\ -1 + c_2' \geqslant 0 \\ c_2' \geqslant 0 \end{cases}$$

解上述不等式组得 $c_2' \geqslant 1$。因此，当 $c_2' \geqslant 1$ 时，原来的最优解即新问题的最优解。也就是说，c_2 改变为 c_2' 后，目标函数的最优值为

$$f_{\max} = 12 + 6(c_2' - 2) = 6c_2'$$

5.3.2　改变右端向量 b

设 $\boldsymbol{b}$ 改变为 $\boldsymbol{b}'$，则 $\boldsymbol{b}' = \boldsymbol{b} + \Delta\boldsymbol{b}$，改变量记为 $\Delta\boldsymbol{b} = \boldsymbol{b}' - \boldsymbol{b}$。这一改变直接影响原最优解的可行性。设 $\boldsymbol{b}$ 改变前的最优基矩阵为 $\boldsymbol{B}$，$\boldsymbol{b}$ 改变为 $\boldsymbol{b}'$ 后，可以分以下两种情形讨论。

（1）$\boldsymbol{B}^{-1}\boldsymbol{b}' \geqslant 0$。

这时，原来的最优基矩阵仍是最优基矩阵，而基变量的取值（或最优解）和目标函数的最优值将发生变化。新问题的最优解为

$$\boldsymbol{x}_B = \boldsymbol{B}^{-1}(\boldsymbol{b}+\Delta\boldsymbol{b}), \quad \boldsymbol{x}_N = 0$$

目标函数的最优值为

$$f = \boldsymbol{c}_B\boldsymbol{B}^{-1}(\boldsymbol{b}+\Delta\boldsymbol{b}) = \boldsymbol{wb}+\boldsymbol{w}\Delta\boldsymbol{b}$$

由此可得

$$\frac{\partial f}{\partial b_i} = w_i$$

在经济性解释中，通常把约束看作资源限制，因此，上式表明每增加一个单位，第 i 种资源引起的最优值的改变量为 w_i，因此，称 w_i 为第 i 种资源的影子价格或边际价格。

（2）$\boldsymbol{B}^{-1}\boldsymbol{b}' < 0$。

这时，原问题的最优解不再是可行解。但是所有判别数仍小于或等于零，因此，现行的基本解是对偶可行的。这样，将原来的最优单纯形表的右端列修改为 $\begin{bmatrix}\boldsymbol{B}^{-1}\boldsymbol{b}' \\ \boldsymbol{c}_B\boldsymbol{B}^{-1}\boldsymbol{b}'\end{bmatrix}$，可以使用对偶单纯形方法求解新问题。

例 5.7 给定以下线性规划问题：

$$\begin{aligned}
\min \quad & x_1 + x_2 - 4x_3 \\
\text{s.t.} \quad & x_1 + x_2 + 2x_3 \leqslant 9 \\
& x_1 + x_2 - x_3 \leqslant 2 \\
& -x_1 + x_2 + x_3 \leqslant 4 \\
& x_1, x_2, x_3 \geqslant 0
\end{aligned}$$

其初始单纯形表如下：

	x_1	x_2	x_3	x_4	x_5	x_6	
x_1	1	$-\frac{1}{3}$	0	$\frac{1}{3}$	0	$-\frac{2}{3}$	$\frac{1}{3}$
x_5	0	2	0	0	1	1	6
x_3	0	$\frac{2}{3}$	1	$\frac{1}{3}$	0	$\frac{1}{3}$	$\frac{13}{3}$
	0	–4	0	–1	0	–2	–17

现将右端列 $(9,2,4)^{\mathrm{T}}$ 改为 $(3,2,3)^{\mathrm{T}}$，求新问题的最优解。

解：先计算改变后的右端列，即

$$\boldsymbol{B}^{-1}\boldsymbol{b}' = \begin{bmatrix} \frac{1}{3} & 0 & -\frac{2}{3} \\ 0 & 1 & 1 \\ \frac{1}{3} & 0 & \frac{1}{3} \end{bmatrix} \begin{bmatrix} 3 \\ 2 \\ 3 \end{bmatrix} = \begin{bmatrix} -1 \\ 5 \\ 2 \end{bmatrix}$$

$$c_B\bar{b}'=(1,0,-4)\begin{bmatrix}-1\\5\\2\end{bmatrix}=-9$$

b 改变后，原来的最优基矩阵不再是可行基矩阵。下面用对偶单纯形方法求新问题的最优解。先对原来的最优单纯形表进行相应的修改，得到如下对偶单纯形表：

	x_1	x_2	x_3	x_4	x_5	x_6	
x_1	1	$-\frac{1}{3}$	0	$\frac{1}{3}$	0	$\boxed{-\frac{2}{3}}$	$\frac{1}{3}$
x_5	0	2	0	0	1	1	5
x_3	0	$\frac{2}{3}$	1	$\frac{1}{3}$	0	$\frac{1}{3}$	2
	0	−4	0	−1	0	−2	−9

x_1 为离基变量，x_6 为进基变量，经主元消去后得到如下主元消去表：

	x_1	x_2	x_3	x_4	x_5	x_6	
x_6	$-\frac{3}{2}$	$\frac{1}{2}$	0	$-\frac{1}{2}$	0	1	$\frac{3}{2}$
x_5	$\frac{3}{2}$	$\frac{3}{2}$	0	$\frac{1}{2}$	1	0	$\frac{7}{2}$
x_3	$\frac{1}{2}$	$\frac{1}{2}$	1	$\frac{1}{2}$	0	0	$\frac{3}{2}$
	−3	−3	0	−2	0	0	−6

由此得到新问题的最优解为 $\bar{x}=(x_1,x_2,x_3)=\left(0,0,\frac{3}{2}\right)$，目标函数的最优值为 $f_{\min}=-6$。

5.3.3　改变约束矩阵 *A*

约束矩阵 p_j 列改变为 p_j'，p_j 可能在基矩阵列中，也可能在非基矩阵列中。因此，有以下两种情形。

（1）非基矩阵列 p_j 改变为 p_j'。

这时，发生改变的有：判别数 z_j-c_j 变为 $z_j'-c_j=c_BB^{-1}p_j'-c_j$，单纯形表中的第 j 列 y_j 变为 $y_j'=B^{-1}p_j'$。

如果 $z_j'-c_j\leqslant 0$，则原来的最优解也是新问题的最优解。如果 $z_j'-c_j>0$，则原来的最优解不再是新问题的最优解，需要继续迭代。这时，首先在原来的最优单纯形表的基础上将 y_j 改为 y_j'，将判别数 z_j-c_j 改为 $z_j'-c_j'$；然后把 x_j 作为进基变量，继续迭代。

（2）基矩阵列 p_j 改为 p_j'。

改变 A 中的基向量会引起比较复杂的后果，用 p_j' 取代 p_j 后，基矩阵发生变化，有可能变得线性相关，因而不再构成基矩阵。如果线性无关，则可以构成基矩阵，此时，B^{-1} 会发生改变。B^{-1} 的改变会带来单纯形表的全面改变，因此，在这种情况下，一般不修改原来的最优单纯形表，而是重新进行计算。

5.3.4 增加新的约束条件

在线性规划问题式（5.28）的基础上增加一个新的约束条件：

$$\boldsymbol{p}^{m+1}\boldsymbol{x} \leqslant b_{m+1} \tag{5.33}$$

其中，$\boldsymbol{p}^{m+1}$ 是 n 维行向量。下面分两种情形加以讨论。

（1）若原来的最优解满足新增加的约束条件，则它也是新问题的最优解。

证明：将原问题的可行集记作 $S_1 = \{\boldsymbol{x} \mid \boldsymbol{A}\boldsymbol{x} = \boldsymbol{b},\ \boldsymbol{x} \geqslant 0\}$，将增加约束条件后的新的可行集记作

$$S_2 = \{\boldsymbol{x} \mid \boldsymbol{A}\boldsymbol{x} = b,\ \boldsymbol{x} \geqslant 0\} \cap \{\boldsymbol{x} \mid \boldsymbol{p}^{m+1}\boldsymbol{x} \leqslant b_{m+1}\}$$

设 $\bar{\boldsymbol{x}}$ 是原问题的最优解，则对每个 $\boldsymbol{x} \in S_1$，有

$$f(\boldsymbol{x}) \geqslant f(\bar{\boldsymbol{x}})$$

由于 $S_2 \subset S_1$，因此对每个 $\boldsymbol{x} \in S_2$，必有

$$f(\boldsymbol{x}) \geqslant f(\bar{\boldsymbol{x}})$$

因此，原问题的最优解也是增加约束条件后的新问题的最优解。

（2）若原来的最优解不满足新增加的约束条件，则需要先把新的约束条件增加到原来的最优单纯形表中，再求解新问题。具体过程如下。

设原来的最优基矩阵为 $\boldsymbol{B}$，最优解为

$$\bar{\boldsymbol{x}} = \begin{bmatrix} \boldsymbol{x}_B \\ \boldsymbol{x}_N \end{bmatrix} = \begin{bmatrix} \boldsymbol{B}^{-1}\boldsymbol{b} \\ \boldsymbol{0} \end{bmatrix}$$

新增加的约束条件为 $\boldsymbol{p}^{m+1}\boldsymbol{x} \leqslant b_{m+1}$，先引进松弛变量 x_{n+1}，记 $\boldsymbol{p}^{m+1} = [\boldsymbol{p}_B^{m+1}, \boldsymbol{p}_N^{m+1}]$，则新的约束条件可以写为

$$\boldsymbol{p}_B^{m+1}\boldsymbol{x}_B + \boldsymbol{p}_N^{m+1}\boldsymbol{x}_N + x_{n+1} = b_{m+1}$$

对于增加约束条件后的新问题，单纯形表中新的各项的改变如下。

① 新的基矩阵 $\boldsymbol{B}'$、$(\boldsymbol{B}')^{-1}$ 和右端向量 $\boldsymbol{b}'$ 改变为

$$\boldsymbol{B}' = \begin{bmatrix} \boldsymbol{B} & 0 \\ \boldsymbol{p}_B^{m+1} & 1 \end{bmatrix},\quad (\boldsymbol{B}')^{-1} = \begin{bmatrix} \boldsymbol{B}^{-1} & 0 \\ -\boldsymbol{p}_B^{m+1}\boldsymbol{B}^{-1} & 1 \end{bmatrix},\quad \boldsymbol{b}' = \begin{bmatrix} \boldsymbol{b} \\ b_{m+1} \end{bmatrix}$$

② 新单纯形表中变量 x_j（$j \neq n+1$）的判别数为

$$\begin{aligned} z_j' - c_j &= \boldsymbol{c}_B'(\boldsymbol{B}')^{-1}\boldsymbol{p}_j' - c_j = (\boldsymbol{c}_B, 0)\begin{bmatrix} \boldsymbol{B}^{-1} & 0 \\ -\boldsymbol{p}_B^{m+1}\boldsymbol{B}^{-1} & 1 \end{bmatrix}\begin{bmatrix} \boldsymbol{p}_j \\ p_j^{m+1} \end{bmatrix} - c_j \\ &= \boldsymbol{c}_B\boldsymbol{B}^{-1}\boldsymbol{p}_j - c_j = z_j - c_j \end{aligned}$$

与不增加约束条件时相同。

③ 新单纯形表中 x_{n+1} 的判别数为（$\boldsymbol{e}_{n+1}$ 为单位列向量）

$$z'_{n+1}-c_{n+1}=\boldsymbol{c}'_B(\boldsymbol{B}')^{-1}\boldsymbol{e}_{n+1}-c_{n+1}=(c_B,0)\begin{bmatrix}\boldsymbol{B}^{-1} & 0\\ -\boldsymbol{p}_B^{m+1}\boldsymbol{B}^{-1} & 1\end{bmatrix}\begin{bmatrix}0\\1\end{bmatrix}-0=0$$

这是因为 x_{n+1} 是基变量。

④ 新单纯形表中的基本解为

$$\boldsymbol{x}_{B'}=\begin{bmatrix}\boldsymbol{x}_B\\ x_{n+1}\end{bmatrix}=(\boldsymbol{B}')^{-1}\begin{bmatrix}\boldsymbol{b}\\ b_{m+1}\end{bmatrix}=\begin{bmatrix}\boldsymbol{B}^{-1} & \boldsymbol{0}\\ -\boldsymbol{p}_B^{m+1}\boldsymbol{B}^{-1} & 1\end{bmatrix}\begin{bmatrix}\boldsymbol{b}\\ b_{m+1}\end{bmatrix}=\begin{bmatrix}\boldsymbol{B}^{-1}\boldsymbol{b}\\ b_{m+1}-\boldsymbol{p}_B^{m+1}\boldsymbol{B}^{-1}\boldsymbol{b}\end{bmatrix},\quad \boldsymbol{x}_N=\boldsymbol{0}$$

根据上述分析，原问题的基本解在新问题中是对偶可行的。由于 $\boldsymbol{x}_B=\boldsymbol{B}^{-1}\boldsymbol{b}$ ，$\boldsymbol{x}_N=\boldsymbol{0}$ 是原来的最优解，因此 $\boldsymbol{B}^{-1}\boldsymbol{b}\geqslant 0$ 。在新的基本解中，如果 $b_{m+1}-\boldsymbol{p}_B^{m+1}\boldsymbol{B}^{-1}\boldsymbol{b}\geqslant 0$，则现行的对偶可行的基本解是新问题的可行解，因而也是最优解。如果 $b_{m+1}-\boldsymbol{p}_B^{m+1}\boldsymbol{B}^{-1}\boldsymbol{b}<0$，则可用对偶单纯形方法来求解。

现在把新增加的约束条件置于原来的最优单纯形表中，结果如下：

	$\boldsymbol{x}_B$	$\boldsymbol{x}_N$	x_{n+1}	
x_2	$\boldsymbol{I}_m$	$\boldsymbol{B}^{-1}\boldsymbol{N}$	0	$\boldsymbol{B}^{-1}\boldsymbol{b}$
x_{n+1}	$\boldsymbol{p}_B^{m+1}$	$\boldsymbol{p}_N^{m+1}$	1	b_{m+1}
	0	$\boldsymbol{c}_B\boldsymbol{B}^{-1}\boldsymbol{N}-\boldsymbol{c}_N$	0	$\boldsymbol{c}_B\boldsymbol{B}^{-1}\boldsymbol{b}$

进行初等变换，把上面的单纯形表中的 $\boldsymbol{x}_B$ 和 x_{n+1} 下的矩阵化成单位矩阵，得到如下对偶单纯形表：

	$\boldsymbol{x}_B$	$\boldsymbol{x}_N$	x_{n+1}	
x_2	$\boldsymbol{I}_m$	$\boldsymbol{B}^{-1}\boldsymbol{N}$	0	$\boldsymbol{B}^{-1}\boldsymbol{b}$
x_{n+1}	$\boldsymbol{0}$	$\boldsymbol{p}_N^{m+1}$	1	$b_{m+1}-\boldsymbol{p}_B^{m+1}\boldsymbol{B}^{-1}\boldsymbol{b}$
	$\boldsymbol{0}$	$\boldsymbol{c}_B\boldsymbol{B}^{-1}\boldsymbol{N}-\boldsymbol{c}_N$	0	$\boldsymbol{c}_B\boldsymbol{B}^{-1}\boldsymbol{b}$

其中的各项与前面的分析一致，使用对偶单纯形方法进行求解。

例 5.8　在例 5.7 中增加以下约束条件：

$$-3x_1+x_2+6x_3\leqslant 17$$

求新问题的最优解。

解：增加约束条件后的问题为

$$\begin{aligned}\min\quad & x_1+x_2-4x_3\\ \text{s.t.}\quad & x_1+x_2+2x_3\leqslant 9\\ & x_1+x_2-x_3\leqslant 2\\ & -x_1+x_2+x_3\leqslant 4\\ & -3x_1+x_2+6x_3\leqslant 17\\ & x_1,x_2,x_3\geqslant 0\end{aligned}$$

原问题的最优解为

$$\bar{\boldsymbol{x}}=(x_1,x_2,x_3)=\left(\frac{1}{3},0,\frac{13}{3}\right)$$

不满足新增加的约束条件，需要引入松弛变量 x_7，把新增加的约束条件写为

$$-3x_1+x_2+6x_3+x_7=17$$

把这个约束条件的系数置于最优单纯形表中，并相应地增加一列 $\boldsymbol{p}_7=(0,0,0,1)^{\mathrm{T}}$，得到如下增加约束条件后的单纯形表：

	x_1	x_2	x_3	x_4	x_5	x_6	x_7	
x_1	1	$-\frac{1}{3}$	0	$\frac{1}{3}$	0	$-\frac{2}{3}$	0	$\frac{1}{3}$
x_5	0	2	0	0	1	1	0	6
x_3	0	$\frac{2}{3}$	1	$\frac{1}{3}$	0	$\frac{1}{3}$	0	$\frac{13}{3}$
x_7	–3	1	6	0	0	0	1	17
	0	–4	0	–1	0	–2	0	–17

分别把第 1 行的 3 倍、第 3 行的–6 倍加到第 4 行，使基变量 x_1、x_5、x_3 和 x_7 的系数矩阵化为单位矩阵，得到如下主元消去表：

	x_1	x_2	x_3	x_4	x_5	x_6	x_7	
x_1	1	$-\frac{1}{3}$	0	$\frac{1}{3}$	0	$-\frac{2}{3}$	0	$\frac{1}{3}$
x_5	0	2	0	0	1	1	0	6
x_3	0	$\frac{2}{3}$	1	$\frac{1}{3}$	0	$\frac{1}{3}$	0	$\frac{13}{3}$
x_7	0	–4	0	–1	0	$\boxed{-4}$	1	–8
	0	–4	0	–1	0	–2	0	–17

现行基本解是对偶可行的，即判别数均非正，因此，用对偶单纯形方法来求解。x_7 为离基变量，x_6 为进基变量，取主元 $y_{46}=-4$，经主元消去后得到如下主元消去表：

	x_1	x_2	x_3	x_4	x_5	x_6	x_7	
x_1	1	$\frac{1}{3}$	0	$\frac{1}{2}$	0	0	$-\frac{1}{6}$	$\frac{5}{3}$
x_5	0	1	0	$-\frac{1}{4}$	1	0	$\frac{1}{4}$	4
x_3	0	$\frac{1}{3}$	1	$\frac{1}{4}$	0	0	$\frac{1}{12}$	$\frac{11}{3}$
x_6	0	1	0	$\frac{1}{4}$	0	1	$-\frac{1}{4}$	2
	0	–2	0	$-\frac{1}{2}$	0	0	$-\frac{1}{2}$	–13

由此得到增加约束条件后新问题的最优解为 $\bar{\boldsymbol{x}}=(x_1,x_2,x_3)=\left(\frac{5}{3},0,\frac{11}{3}\right)$，目标函数的最优值为 $f_{\min}=-13$。

习　题

1．写出下列原问题的对偶问题。

（1）
$$\begin{aligned}\max\quad & 4x_1-3x_2+5x_3\\ \text{s. t.}\quad & 3x_1+x_2+2x_3\leqslant 15\\ & -x_1+x_2-7x_3\geqslant 3\\ & x_1+x_3=1\\ & x_1,x_2,x_3\geqslant 0\end{aligned}$$

（2）
$$\begin{aligned}\min\quad & -4x_1-5x_2-7x_3+x_4\\ \text{s. t.}\quad & x_1+x_2+2x_3-x_4\geqslant 1\\ & 2x_1-6x_2+3x_3+x_4\leqslant -3\\ & x_1+4x_2+3x_3+2x_4=-5\\ & x_1,x_2,x_4\geqslant 0\end{aligned}$$

2．给定下列线性规划问题：

$$\begin{aligned}\max\quad & 10x_1+7x_2+30x_3+2x_4\\ \text{s.t.}\quad & x_1-6x_3+x_4\leqslant -2\\ & x_1+x_2+5x_3-x_4\leqslant -7\\ & x_2,x_3,x_4\leqslant 0\end{aligned}$$

（1）写出上述原问题的对偶可行解。

（2）用图解法求出对偶问题的最优解。

（3）利用对偶问题的最优解和对偶性质求出原问题的最优解和目标函数的最优值。

3．考虑下列线性规划问题：

$$\begin{aligned}\min\quad & -x_1+x_2-2x_3\\ \text{s.t.}\quad & x_1+x_2+x_3\leqslant 6\\ & -x_1+2x_2+3x_3\leqslant 9\\ & x_1,x_2,x_3\geqslant 0\end{aligned}$$

（1）用单纯形方法求出其最优解。

（2）假设将系数向量 $\boldsymbol{c}=(-1,1,-2)$ 改变为 $(-1,1,-2)+\lambda(2,1,1)$，其中 λ 是实参数，对 λ 的所有值，求出问题的最优解。

第6章 一 维 搜 索

6.1 一维搜索概述

6.1.1 基本概念

在传统的迭代下降算法中，迭代算法从第 k 次迭代获得的 x^k 点出发，需要按照某种规则确定一个方向 d^k，沿着方向 d^k 在直线方向上搜索目标函数的极小值，从而得到新的极小点 x^{k+1}。重复以上做法，获得所求解问题的极小值，求得目标函数在直线上的极小点，该算法称为一维搜索算法。

设目标函数为 $f(x)$, x^k 点沿着方向 d^k 进行搜索，一维搜索可定义为单变量函数的极小值问题，具体定义为

$$\varphi(\lambda) = f(x^k + \lambda d^k) \tag{6.1}$$

如果 $\varphi(\lambda)$ 的极小点为 λ_k，则称 λ_k 为沿方向 d^k 的步长因子，函数 $f(x)$ 在方向 d^k 上的极小点为

$$x^{k+1} = x^k + \lambda_k d^k \tag{6.2}$$

一维搜索主要分为两类：试探法和函数逼近法。试探法采用某种方式寻找试探点，通过一系列试探点来确定极小点。函数逼近法采用简单的曲线拟合目标函数，通过求逼近函数的极小点来近似目标函数的极小点。

在一维搜索中，如果目标函数在搜索方向上存在多个极小点，那么这时可采用从若干极小点中选取第一个极小点、最小的极小点或任选一个极小点作为最终的极小点，具体可参考文献[1]。

6.1.2 一维搜索算法的闭性

一维搜索是许多非线性规划算法的重要组成部分，为了研究非线性规划算法的收敛性，下面证明一维搜索算法的闭性。

假设一维搜索以 x 点为起始点，沿着某个搜索方向 d 的射线进行，并定义算法映射 M。

定义 6.1 算法映射 M 定义为

$$M(x,d) = \left\{ y \mid y = x + \bar{\lambda} \cdot d,\ \bar{\lambda} = \min_{0 \leqslant \lambda \leqslant \infty} \{ f(x + \lambda \cdot d) \} \right\} \tag{6.3}$$

根据以上定义，给定起始点 x 和方向 $d \neq 0$，假设函数 f 在某个方向上存在极小值，则可以确定 f 在该方向上的极小点集合为 $M(x,d)$。

定理 6.1 假设 f 是定义在 $\mathbb{R}^n$ 上的连续函数，$d \neq 0$，则算法映射 M 在 (x,d) 处是闭的。

证明：上述定理可转换为给定起始点和搜索方向两个序列$\{x^k\}$、$\{d^k\}$，且满足当$k \approx \infty$时，有

$$(x^k, d^k) \to (x, d) \tag{6.4}$$

$$y^k \to y \tag{6.5}$$

当$y^k \in M(x^k, d^k)$时，证明$y \in M(x, d)$。证明过程如下。

由式（6.3）可得，对于每个k，存在λ^k，即

$$y^k = x^k + \lambda^k d^k \tag{6.6}$$

由于$d^k \neq 0$，因此得

$$\lambda^k = \frac{\|y^k - x^k\|}{\|d^k\|} \tag{6.7}$$

同时，结合式（6.4）和式（6.5）可得，当$k \approx \infty$时，有

$$\lambda^k \to \bar{\lambda} = \frac{\|y - x\|}{\|d\|} \tag{6.8}$$

此时，则式（6.6）变为

$$y = x + \bar{\lambda} \cdot d \tag{6.9}$$

根据算法映射M的定义，对于每个k和$\lambda \in [0, \infty)$，$y^k \in M(x^k, d^k)$变为

$$f(y^k) \leqslant f(x^k + \lambda d^k) \tag{6.10}$$

当$k \approx \infty$时，结合式（6.4）和式（6.5）得

$$f(y) \leqslant f(x + \lambda d) \tag{6.11}$$

结合式（6.6），有

$$f(x + \bar{\lambda} d) \leqslant f(x + \lambda d) = \min_{0 \leqslant \lambda \leqslant \infty} f(x + \lambda d) \tag{6.12}$$

因此，$y \in M(x, d)$，算法映射M在(x, d)上是闭的。

6.2 试 探 法

6.2.1 0.618 试探法

0.618 试探法又称黄金分割法，适用于单峰函数。单峰函数定义如下。

定义 6.2 设f是闭区间$[a,b]$上的一元实函数，$\bar{x}$是f在闭区间$[a,b]$上的极小值。若对于$x_1, x_2 \in [a,b]$，且$x_1 < x_2$，当$x_2 \leqslant \bar{x}$时，$f(x_1) > f(x_2)$；当$x_1 \geqslant \bar{x}$时，$f(x_2) > f(x_1)$，则称f是闭区间$[a,b]$上的单峰函数。

定理 6.2 设f是闭区间$[a,b]$上的单峰函数，$x_1, x_2 \in [a,b]$，且$x_1 < x_2$，则有以下情形。

（1）如果 $f(x_2)>f(x_1)$，则对于 $x\in[x_2,b]$，有 $f(x)>f(x_1)$。

（2）如果 $f(x_1)\geqslant f(x_2)$，则对于 $x\in[a,x_1]$，有 $f(x)\geqslant f(x_2)$。

证明： 首先证明情形（1）。采用反证法，当 $f(x_2)>f(x_1)$ 时，对于 $x\in[x_2,b]$，有

$$f(x)\leqslant f(x_1) \tag{6.13}$$

即极小点在 $[a,x_2)$ 和 $(x_2,b]$ 两个区间内。

若极小点 $\overline{x}\in[a,x_2)$，则有

$$f(x)>f(x_2) \tag{6.14}$$

结合条件 $f(x_2)>f(x_1)$，有 $f(x)>f(x_2)>f(x_1)$，这与式（6.13）矛盾。

若极小点 $\overline{x}\in[x_2,b)$，则根据单峰函数的定义，有

$$f(x_1)>f(x_2) \tag{6.15}$$

这与条件 $f(x_2)>f(x_1)$ 矛盾。

因此，当 $f(x_2)>f(x_1)$ 时，对于 $\overline{x}\in[x_2,b)$，有 $f(x)>f(x_1)$。同理可证明情形（2）。

根据上述定理，只需两个试探点，就可以缩小包含极小点的区间。这就得到了 0.618 试探法的基本原理。

（1）如果 $f(x_2)>f(x_1)$，则极小点 $\overline{x}\in[a,x_2]$。

（2）如果 $f(x_1)\geqslant f(x_2)$，则极小点 $\overline{x}\in[x_1,b]$。

不断缩小区间的大小到一定程度，该区间的任意一点均接近函数的极小值，因此可以用该区间内的任意一点作为函数极小点的近似值。

0.618 试探法的计算过程如下。

设 $f(x)$ 是闭区间 $[a,b]$ 上的单峰函数，极小点 $\overline{x}\in[a,b]$，在第 k 次迭代中，极小点 $\overline{x}\in[a_k,b_k]$。为缩小极小点所在区间，取两个试探点 $x_{1,k},x_{2,k}\in[a_k,b_k]$ 且 $x_{1,k}<x_{2,k}$，并计算 $f(x_{1,k})$ 和 $f(x_{2,k})$。

(1)若 $f(x_{1,k})>f(x_{2,k})$，则根据定理 5.2 可知极小点 $\overline{x}\in[x_{1,k},b_k]$，因此，$a_{k+1}=x_{1,k}$，$b_{k+1}=b_k$。

(2)若 $f(x_{1,k})\leqslant f(x_{2,k})$，则根据定理 5.2 可知极小点 $\overline{x}\in[a_k,x_{2,k}]$，因此，$a_{k+1}=a_k$，$b_{k+1}=x_{2,k}$。

在 0.618 试探法中，$x_{1,k}$ 和 $x_{2,k}$ 的选取要满足以下两个条件。

（1）$x_{1,k}$ 和 $x_{2,k}$ 在区间 $[a_k,b_k]$ 上的位置是对称的，即各试探点到对应端点是等距的。

（2）每次迭代区间的缩小比率 α 相同。

上述条件可转换为

$$b_k-x_{2,k}=x_{1,k}-a_k \tag{6.16}$$

$$b_{k+1}-a_{k+1}=\alpha(b_k-a_k) \tag{6.17}$$

整理式（6.16）和式（6.17）可得

$$x_{1,k}=a_k+b_k-x_{2,k}=a_k+(1-\alpha)(b_k-a_k) \tag{6.18}$$

$$x_{2,k}=a_k+b_k-x_{1,k}=a_k+\alpha(b_k-a_k) \tag{6.19}$$

可见，当 α 取一个定值时，每次迭代只需计算一个试探点，就可以达到缩小搜索区间的

目的，获得函数的极小值，从而达到减小计算量的目的。

在第 k 次迭代中，若 $f(x_{1,k}) \leqslant f(x_{2,k})$，则经过迭代得到的搜索区间为 $[x_{1,k}, b_k]$。为进一步缩小搜索区间，需要引入试探点 $x_{1,k+1}$ 和 $x_{2,k+1}$，根据式（6.19），有

$$x_{2,k+1} = a_{k+1} + \alpha \cdot (b_{k+1} - a_{k+1}) = a_k + \alpha \cdot (x_{2,k} - a_k) = a_k + \alpha^2 \cdot (b_k - a_k) \tag{6.20}$$

若令 $x_{2,k+1} = x_{1,k}$，则 $x_{2,k+1}$ 不需要重新计算，只需选取上一次迭代中的 $x_{1,k}$ 即可。根据式（6.18）和式（6.20），有 $\alpha^2 = 1 - \alpha$，求解该方程，由于 $\alpha > 0$，因此得

$$\alpha = \frac{-1+\sqrt{5}}{2} \approx 0.618 \tag{6.21}$$

当 $f(x_{1,k}) > f(x_{2,k})$ 时，可采用相同的方法推出与式（6.21）同样的结论，此时，$x_{1,k+1} = x_{2,k}$，即不需要重新计算 $x_{1,k+1}$。

将式（6.21）代入式（6.18）和式（6.19），得到试探点的计算公式为

$$x_{1,k} = a_k + 0.382(b_k - a_k) \tag{6.22}$$

$$x_{2,k} = a_k + 0.618(b_k - a_k) \tag{6.23}$$

综上所述，0.618 试探法的计算步骤如下。

（1）设置初始搜索区间 $[a_1, b_1]$ 和搜索区间缩小精度 $L > 0$，计算第一次迭代的两个试探点 $x_{1,1}$ 和 $x_{2,1}$，即

$$x_{1,1} = a_1 + 0.382(b_1 - a_1) \tag{6.24}$$

$$x_{2,1} = a_1 + 0.618(b_1 - a_1) \tag{6.25}$$

并计算函数值 $f(x_{1,1})$ 和 $f(x_{2,1})$。

（2）在第 k 次迭代中，若 $b_k - a_k < L$，则停止计算；否则，转入步骤（3）。

（3）若 $f(x_{1,k}) > f(x_{2,k})$，则设置 $a_{k+1} = x_{1,k}$，$b_{k+1} = b_k$，$x_{1,k+1} = x_{2,k}$，$x_{2,k+1} = a_{k+1} + 0.618(b_{k+1} - a_{k+1})$，并计算 $f(x_{2,k+1})$；否则，转入步骤（4）。

（4）若 $f(x_{1,k}) \leqslant f(x_{2,k})$，则设置 $a_{k+1} = a_k$，$b_{k+1} = x_{2,k}$，$x_{2,k+1} = x_{1,k}$，$x_{1,k+1} = a_{k+1} + 0.382\ (b_{k+1} - a_{k+1})$，并计算 $f(x_{1,k+1})$；否则，转入步骤（5）。

（5）设置 $k = k + 1$，返回步骤（2）。

6.2.2 Fibonacci 试探法

Fibonacci（裴波那契）试探法与 0.618 试探法思路相似，同样适用于单峰函数，在第一次迭代过程中，需要计算两个试探点，在后续的迭代过程中，只需计算一个试探点。Fibonacci 试探法与 0.618 试探法的区别在于其搜索区间长度缩小因子不是常数，而是由 Fibonacci 数列决定的。Fibonacci 试探法的试探点计算公式如下：

$$x_{1,k} = a_k + \frac{F_{n-k-1}}{F_{n-k+1}}(b_k - a_k) \tag{6.26}$$

$$x_{2,k}=a_k+\frac{F_{n-k}}{F_{n-k+1}}(b_k-a_k) \tag{6.27}$$

其中，F_k 是 Fibonacci 数列，$k=1,2,\cdots,n-1$；n 是 Fibonacci 试探法的迭代次数，需要事先指定，指定方法将在后面介绍。

定义 6.3 Fibonacci 数列 $\{F_k\}$ 满足以下条件。

（1）$F_0=F_1=1$。

（2）$F_{k+1}=F_k+F_{k-1}$（$k=1,2,\cdots$）。

根据上述定义，Fibonacci 数列如表 6.1 所示。

表 6.1 Fibonacci 数列

k	0	1	2	3	4	5	6	…
F_k	1	1	2	3	5	8	13	…

与 0.618 试探法思路类似，根据单峰函数的性质（定理 6.2），当迭代次数为 k 时，搜索区间为 $[a_k,b_k]$，利用式（6.26）和式（6.27）分别计算试探点 $x_{1,k}$ 与 $x_{2,k}$，且 $x_{1,k},x_{2,k}\in[a_k,b_k]$，$x_{1,k}<x_{2,k}$，并计算函数值 $f(x_{1,k})$ 和 $f(x_{2,k})$。

（1）当 $f(x_{1,k})>f(x_{2,k})$ 时，令

$$a_{k+1}=x_{1,k}\text{，}\quad b_{k+1}=b_k \tag{6.28}$$

（2）当 $f(x_{1,k})\leqslant f(x_{2,k})$ 时，令

$$a_{k+1}=a_k\text{，}\quad b_{k+1}=x_{2,k} \tag{6.29}$$

针对上述两种情形，迭代后的搜索区间长度和迭代前的搜索区间长度之比为 F_{n-k}/F_{n-k+1}，证明如下。

针对情形（1），结合式（6.26）和式（6.28），有

$$b_{k+1}-a_{k+1}=b_k-x_{1,k}=b_k-\left[a_k+\frac{F_{n-k-1}}{F_{n-k+1}}(b_k-a_k)\right]=\left(1-\frac{F_{n-k-1}}{F_{n-k+1}}\right)(b_k-a_k) \tag{6.30}$$

由于 Fibonacci 数列 $\{F_k\}$ 满足 $F_{k+1}=F_k+F_{k-1}$（$k=1,2,\cdots$），因此有

$$\left(1-\frac{F_{n-k-1}}{F_{n-k+1}}\right)(b_k-a_k)=\left(\frac{F_{n-k+1}-F_{n-k-1}}{F_{n-k+1}}\right)(b_k-a_k)=\left(\frac{F_{n-k}}{F_{n-k+1}}\right)(b_k-a_k) \tag{6.31}$$

针对情形（2），有

$$b_{k+1}-a_{k+1}=x_{2,k}-a_k=a_k+\frac{F_{n-k}}{F_{n-k+1}}(b_k-a_k)-a_k=\frac{F_{n-k}}{F_{n-k+1}}(b_k-a_k) \tag{6.32}$$

由此可以得到第 $n-1$ 次迭代搜索区间的长度为

$$\begin{aligned}b_n-a_n&=\frac{F_1}{F_2}(b_{n-1}-a_{n-1})=\frac{F_1}{F_2}\cdot\frac{F_2}{F_3}(b_{n-2}-a_{n-2})\\&=\frac{F_1}{F_2}\cdot\frac{F_2}{F_3}\cdot\cdots\cdot\frac{F_{n-1}}{F_n}(b_1-a_1)=\frac{F_1}{F_n}(b_1-a_1)\end{aligned} \tag{6.33}$$

可见，只要给出初始搜索区间$[a_1,b_1]$和最终搜索区间长度L，就可以求出函数迭代次数n，即令$b_n-a_n\leqslant L$，结合式（6.33），得

$$\frac{F_1}{F_n}(b_1-a_1)\leqslant L \tag{6.34}$$

$$\frac{(b_1-a_1)}{L}\leqslant\frac{F_n}{F_1}=F_n \tag{6.35}$$

由此可以求出 Fibonacci 数列的F_n的值，根据F_n的值，通过表 6.1 可以得到n的数值。

使用 Fibonacci 试探法时应注意以下问题。

由于第一次迭代需要计算两个试探点，往后每次迭代都只需计算一个迭代点，因此，在第$n-1$次迭代中，不需要选择新的试探点，根据式（6.26）、式（6.27）和表 6.1，有

$$x_{1,n-1}=a_{n-1}+\frac{F_0}{F_2}(b_{n-1}-a_{n-1}) \tag{6.36}$$

$$x_{2,n-1}=a_{n-1}+\frac{F_1}{F_2}(b_{n-1}-a_{n-1}) \tag{6.37}$$

因此，有

$$x_{1,n-1}=x_{2,n-1}=\frac{1}{2}(b_{n-1}+a_{n-1}) \tag{6.38}$$

$x_{1,n-1}$和$x_{2,n-1}$中的一个取自第$n-2$次迭代中的试探点。为了在第$n-1$迭代中能够缩小搜索区间，可选取试探点右侧或左侧一点作为另一个试探点，即

$$x_{1,n}=x_{1,n-1},\quad x_{2,n}=x_{1,n-1}+\delta \tag{6.39}$$

其中，δ是辨别常数（$\delta>0$）。

Fibonacci 试探法的计算过程如下。

（1）给定初始搜索区间$[a_1,b_1]$、最终搜索区间长度L和辨别常数δ，求函数迭代次数n，满足$(b_1-a_1)/L\leqslant F_n$。计算第一次迭代试探点$x_{1,1}$和$x_{2,1}$：

$$x_{1,1}=a_1+\frac{F_{n-2}}{F_n}\left(b_1-a_1\right) \tag{6.40}$$

$$x_{2,1}=a_1+\frac{F_{n-1}}{F_n}(b_1-a_1) \tag{6.41}$$

并计算$f(x_{1,1})$和$f(x_{2,1})$。

（2）在第k次迭代中，若$f(x_{1,k})>f(x_{2,k})$，则有$a_{k+1}=x_{1,k}$，$b_{k+1}=b_k$，$x_{1,k+1}=x_{2,k}$，计算试探点$x_{2,k+1}$：

$$x_{2,k+1}=a_{k+1}+\frac{F_{n-k-1}}{F_{n-k}}(b_{k+1}-a_{k+1}) \tag{6.42}$$

若$k=n-2$，则转入步骤（5）；否则，计算函数值$f(x_{2,k+1})$，转入步骤（4）。

（3）若$f(x_{1,k})\leqslant f(x_{2,k})$，则有$a_{k+1}=a_k$，$b_{k+1}=x_{2,k}$，$x_{2,k+1}=x_{1,k}$，计算试探点$x_{1,k+1}$：

$$x_{1,k+1}=a_{k+1}+\frac{F_{n-k-2}}{F_{n-k}}(b_{k+1}-a_{k+1}) \tag{6.43}$$

若$k=n-2$，则转入步骤（5）；否则，计算函数值$f(x_{1,k+1})$，转入步骤（4）。

（4）令$k=k+1$，转入步骤（2）。

（5）$x_n^1=x_{n-1}^1$，$x_2=x_{n-1}^1+\delta$，并计算$f(x_{1,n})$和$f(x_{2,n})$的函数值。

① 若$f(x_{1,n})>f(x_{2,n})$，则令$a_n=x_{1,n}$，$b_n=b_{n-1}$。

② 若$f(x_{1,n})\leqslant f(x_{2,n})$，则令$a_n=a_{n-1}$，$b_n=x_{2,n}$。

当迭代次数达到n–1 时，停止计算，极小点在区间$[a_n,b_n]$中。

6.2.3 0.618 试探法和 Fibonacci 试探法的关系

Fibonacci 数列的递推关系为

$$F_{k+1}=F_k+F_{k-1} \tag{6.44}$$

它的特征方程为

$$\tau^2-\tau-1=0 \tag{6.45}$$

解得

$$\tau_1=\frac{1+\sqrt{5}}{2},\quad \tau_2=\frac{1-\sqrt{5}}{2} \tag{6.46}$$

因此，式（6.44）的一般解为

$$F_k=c_1\tau_1^k+c_2\tau_2^k \tag{6.47}$$

由条件$F_0=F_1=1$可得

$$c_1\tau_1^0+c_2\tau_2^0=1 \tag{6.48}$$

$$c_1\tau_1^1+c_2\tau_2^1=1 \tag{6.49}$$

因此有

$$c_1=\frac{1+\sqrt{5}}{2\sqrt{5}},\quad c_2=\frac{\sqrt{5}-1}{2\sqrt{5}} \tag{6.50}$$

当$n\to\infty$时，$\tau_2^{n-1}\to 0$，可得

$$\lim_{n\to\infty}\frac{F_{n-1}}{F_n}=\lim_{n\to\infty}\frac{c_1\tau_1^{n-1}+c_2\tau_2^{n-1}}{c_1\tau_1^n+c_2\tau_2^n}=\frac{1}{\tau_1}\approx 0.618 \tag{6.51}$$

这就证明了 0.618 试探法是 Fibonacci 试探法的极限形式。

下面来对比一下两种试探法在相同迭代次数下的最终搜索区间长度。假设迭代次数均为n，且初始搜索区间均为$[a_1,b_1]$。

0.618 试探法的最终搜索区间长度为

$$d_{0.618}=b_n-a_n=\alpha^{n-1}(b_1-a_1) \tag{6.52}$$

Fibonacci 试探法的最终搜索区间长度为

$$d_F = b_n - a_n = \frac{1}{F_n}(b_1 - a_1) \tag{6.53}$$

两种试探法的最终搜索区间长度的比值为

$$\frac{d_{0.618}}{d_F} = \alpha^{n-1}F_n = \frac{1}{\tau_1^{n-1}}\cdot\frac{1}{\sqrt{5}}\left\{\tau_1^{n+1} - (-\frac{1}{\tau_1})^{n+1}\right\} \tag{6.54}$$

当 $n \gg 1$ 时， $(-1/\tau_1)^{n+1} \to 0$，有

$$\frac{d_{0.618}}{d_F} = \frac{1}{\tau_1^{n-1}}\cdot\frac{1}{\sqrt{5}}\left\{\tau_1^{n+1}\right\} = \frac{\tau_1^2}{\sqrt{5}} \approx 1.17 \tag{6.55}$$

因此，0.618 试探法比 Fibonacci 试探法的最终搜索区间长 17%。Fibonacci 试探法的缺点在于需要事先计算迭代次数，而 0.618 试探法则更为简单，因此，在解决实际问题时，一般使用 0.618 试探法。

6.3 案例分析

例 6.1 使用 0.618 试探法和 Fibonacci 试探法求解下列问题：

$$\min f(x) = 3x^3 - 2x + 1 \tag{6.56}$$

给定初始搜索区间 $[a_1, b_1] \in [-0.5, 1]$，搜索精度（最终搜索区间长度）$L \leqslant 0.05$。

解：（1）0.618 试探法（试探点保留 3 位小数，试探点的函数值保留 4 位小数）。

第一次迭代，$a_1 = -0.5$，$b_1 = 1$，计算两个试探点，即

$$x_{1,1} = a_1 + 0.382(b_1 - a_1) = 0.073 \tag{6.57}$$

$$x_{2,1} = a_1 + 0.618(b_1 - a_1) = 0.427 \tag{6.58}$$

计算两个试探点的函数值：

$$f(x_{1,1}) = 3\times 0.073^3 - 2\times 0.073 + 1 = 0.8552 \tag{6.59}$$

$$f(x_{2,1}) = 3\times 0.427^3 - 2\times 0.427 + 1 = 0.3796 \tag{6.60}$$

因为 $f(x_{1,1}) > f(x_{2,1})$，所以令

$$a_2 = x_{1,1} = 0.073, \quad b_2 = b_1 = 1, \quad x_{1,2} = x_{2,1} = 0.427 \tag{6.61}$$

第二次迭代，$a_2 = 0.073$，$b_2 = 1$，$x_{2,1} = 0.427$，计算另一个试探点及其函数值：

$$x_{2,2} = a_2 + 0.618(b_2 - a_2) = 0.646 \tag{6.62}$$

$$f(x_{2,2}) = 3\times 0.646^3 - 2\times 0.646 + 1 = 0.5168 \tag{6.63}$$

因为 $f(x_{1,2}) \leqslant f(x_{2,2})$，所以令

$$a_3 = a_2 = 0.073, \quad b_3 = x_{2,2} = 0.646, \quad x_{2,3} = x_{1,2} = 0.427 \tag{6.64}$$

根据 0.618 试探法的计算过程，依次类推，得到迭代结果，如表 6.2 所示。

表 6.2　0.618 试探法的迭代结果

k	a_k	b_k	$x_{1,k}$	$x_{2,k}$	$f(x_{1,k})$	$f(x_{2,k})$
1	−0.5	1	0.073	0.427	0.8552	0.3796
2	0.073	1	0.427	0.646	0.3796	0.5166
3	0.073	0.646	0.292	0.427	0.4909	0.3796
4	0.292	0.646	0.427	0.511	0.3796	0.3782
5	0.427	0.646	0.511	0.562	0.3782	0.4087
6	0.427	0.562	0.479	0.511	0.3717	0.3782
7	0.427	0.511	0.459	0.479	0.3721	0.3717
8	0.459	0.511	0.479	0.491	0.3717	0.3721
9	0.459	0.491				

根据表 6.2，经过 8 次迭代，最终得

$$b_9 - a_9 = 0.032 < 0.05 \tag{6.65}$$

因此极小点 $\bar{x} \in [0.459, 0.491]$，该问题的最优解可采用

$$\bar{x} = 0.5 \times (0.459 + 0.491) = 0.475 \tag{6.66}$$

作为近似解。

（2）Fibonacci 试探法：设辨别常数 $\delta = 0.01$（试探点和试探点的函数值均保留 4 位小数）。

根据表 6.1 和式（6.35），计算迭代次数 n：

$$\frac{b_1 - a_1}{L} = \frac{1-(-0.5)}{0.05} = 30 < 34 = F_8 \tag{6.67}$$

因此，迭代次数选择 8，即 $n = 8$。

第一次迭代，$a_1 = -0.5$，$b_1 = 1$，计算两个试探点：

$$x_{1,1} = a_1 + \frac{F_6}{F_8}(b_1 - a_1) = -0.5 + \frac{13}{34} \times (1-(-0.5)) = 0.0735 \tag{6.68}$$

$$x_{2,1} = a_1 + \frac{F_7}{F_8}(b_1 - a_1) = -0.5 + \frac{21}{34} \times (1-(-0.5)) = 0.4265 \tag{6.69}$$

计算两个试探点的函数值：

$$f(x_{1,1}) = 3 \times 0.0735^3 - 2 \times 0.0735 + 1 = 0.8542 \tag{6.70}$$

$$f(x_{2,1}) = 3 \times 0.4265^3 - 2 \times 0.4265 + 1 = 0.3797 \tag{6.71}$$

因为 $f(x_{1,1}) > f(x_{2,1})$，所以令

$$a_2 = x_{1,1} = 0.0735\text{，}\quad b_2 = b_1 = 1.0\text{，}\quad x_{1,2} = x_{2,1} = 0.4265 \tag{6.72}$$

第二次迭代，$a_2 = 0.073$，$b_2 = 1.0$，$x_{1,2} = 0.4265$，计算另一个试探点及其函数值：

$$x_{2,2}=a_2+\frac{F_6}{F_7}(b_2-a_2)=0.0735+\frac{13}{21}\times(1-0.0735)=0.6470 \tag{6.73}$$

$$f(x_{2,2})=3\times0.6470^3-2\times0.6470+1=0.5185 \tag{6.74}$$

因为 $f(x_{1,2})\leqslant f(x_{2,2})$，所以令

$$a_3=a_2=0.0735\ ,\quad b_3=x_{2,2}=0.6470\ ,\quad x_{2,3}=x_{1,2}=0.4265 \tag{6.75}$$

根据 Fibonacci 试探法的计算过程，依次类推，得到迭代结果，如表 6.3 所示。

表 6.3　Fibonacci 试探法的迭代结果

k	a_k	b_k	$x_{1,k}$	$x_{2,k}$	$f(x_{1,k})$	$f(x_{2,k})$
1	–0.5	1	0.0735	0.4265	0.8542	0.3797
2	0.0735	1	0.4265	0.6470	0.3797	0.5185
3	0.0735	0.6470	0.2941	0.4265	0.4881	0.3797
4	0.2941	0.6470	0.4265	0.5147	0.3797	0.3797
5	0.4265	0.6470	0.5147	0.5588	0.3797	0.4059
6	0.4265	0.5588	0.4706	0.5147	0.3797	0.3840
7	0.4265	0.5147	0.4706	0.4806	0.3715	0.3718
8	0.4265	0.4706	—	—	—	—

根据表 6.3，经过 7 次迭代，最终得

$$b_8-a_8=0.0441<0.05 \tag{6.76}$$

因此极小点 $\bar{x}\in[0.4265,0.4706]$，该问题的最优解可采用

$$\bar{x}=0.5\times(0.4265+0.4706)=0.4486 \tag{6.77}$$

作为近似解。

例 6.1 的 MATLAB 程序如下。

（1）0.618 试探法：

```
a=-0.5;
b=1;
k=1;
while (b-a>0.05)
   if (k==1)
        x1=a+0.382*(b-a);
        x2=a+0.618*(b-a);
   end
   f1=3*x1^3-2*x1+1;
   f2=3*x2^3-2*x2+1;
   if(f1>f2)
    a=x1;
    x1=x2;
    x2=a+0.618*(b-a);
  else
```

```
            b=x2;
            x2=x1;
            x1=a+0.382*(b-a);
        end
        k=k+1;
    end
```

（2）Fibonacci 试探法：

```
        a=-0.5;
        b=1;
        F=[1,1,2,3,5,8,13,21,34,55,89];
        n=8;
        sigma=0.01;
        for k=1:n-2
        if (k==1)
            x1=a+(F(n-k-1+1)/F(n-k+1+1))*(b-a);
            x2=a+(F(n-k+1)/F(n-k+1+1))*(b-a);
        end
            f1=3*x1^3-2*x1+1;
            f2=3*x2^3-2*x2+1;
            if(f1>f2)
                a=x1;
            if(k~=n-2)
                x1=x2;
                x2=a+(F(n-k-1+1)/F(nk+1))*(b-a);
            else
                b=x2;
                if(k~=n-2)
                x2=x1;
                x1=a+(F(n-k-2+1)/F(n-k+1))*(b-a);
                end
            end
        end
        x1=x1;
        x2=x1+sigma;
        f1=3*x1^3-2*x1+1;
        f2=3*x2^3-2*x2+1;
        if (f1>f2)
            a=x1;
        else
            b=x1;
        end
```

例 6.2 使用 0.618 试探法和 Fibonacci 试探法求解下列问题：

$$\min f(x)=\mathrm{e}^x+2x^2 \tag{6.78}$$

给定初始搜索区间 $[a_1,b_1]\in[-1,1]$，搜索精度 $L\leqslant 0.01$。

解：（1）0.618 试探法。

根据 0.618 试探法的计算过程，依次类推，得到迭代结果，如表 6.4 所示。

表 6.4 0.618 试探法的迭代结果

k	a_k	b_k	$x_{1,k}$	$x_{2,k}$	$f(x_{1,k})$	$f(x_{2,k})$
1	–1	1	–0.236	0.236	0.9012	1.378
2	–1	0.236	–0.528	–0.236	1.1471	0.9012
3	–0.528	0.236	–0.236	–0.0558	0.9012	0.9520
4	–0.528	–0.0558	–0.348	–0.236	0.9480	0.9012
5	–0.348	–0.0558	–0.236	–0.167	0.9012	0.9019
6	–0.348	–0.167	–0.279	–0.236	0.9121	0.9012
7	–0.279	–0.167	–0.236	–0.210	0.9012	0.8988
8	–0.236	–0.167	–0.210	–0.194	–0.2198	–0.2098
9	–0.236	–0.194	–0.220	–0.210	0.8993	0.8988
10	–0.220	–0.194	–0.210	–0.204	0.8988	0.8987
11	–0.210	–0.194	–0.204	–0.200	0.8987	0.8987
12	–0.210	–0.200	–0.206	–0.204	0.8987	0.8987
13	–0.206	–0.200	—	—	—	—

根据表 6.4，经过 12 次迭代，最终得

$$b_{13} - a_{13} = 0.006 < 0.01 \tag{6.79}$$

因此极小点 $\bar{x} \in [-0.206, -0.200]$，该问题的最优解可采用

$$\bar{x} = 0.5 \times (-0.206 - 0.200) = -0.203 \tag{6.80}$$

作为近似解。

（2）Fibonacci 试探法：设辨别常数 $\delta = 0.05$。

根据表 6.1 和式（6.35），计算迭代次数 n：

$$\frac{b_1 - a_1}{L} = \frac{1-(-1)}{0.01} = 200 < 233 = F_{12} \tag{6.81}$$

因此，迭代次数选择 12，即 $n = 12$。

根据 Fibonacci 试探法的计算过程，依次类推，得到迭代结果，如表 6.5 所示。

表 6.5 Fibonacci 试探法的迭代结果

k	a_k	b_k	$x_{1,k}$	$x_{2,k}$	$f(x_{1,k})$	$f(x_{2,k})$
1	–1	1	–0.2361	0.2361	0.9012	1.3778
2	–1	0.2361	–0.5279	–0.2361	1.1472	0.9012
3	–0.5279	0.2361	–0.2361	–0.0558	0.9012	0.9520
4	–0.5279	–0.0558	–0.3476	–0.2361	0.9480	0.9012
5	–0.3476	–0.0558	–0.2361	–0.1674	0.9012	0.9019
6	–0.3476	–0.1674	–0.2790	–0.2361	0.9122	0.9012

续表

k	a_k	b_k	$x_{1,k}$	$x_{2,k}$	$f(x_{1,k})$	$f(x_{2,k})$
7	−0.2790	−0.1674	−0.2361	−0.2103	0.9102	0.8988
8	−0.2361	−0.1674	−0.2103	−0.1932	0.8988	0.8990
9	−0.2361	−0.1932	−0.2103	−0.2018	0.8988	0.8987
10	−0.2103	−0.1932	−0.2103	−0.2018	0.8988	0.8987
11	−0.2103	−0.1932	−0.2103	−0.1603	0.8992	0.9033
12	−0.2103	−0.2103	—	—	—	—

根据表 6.5，经过 11 次迭代，最终得

$$b_{12} - a_{12} = 0 < 0.01 \tag{6.82}$$

因此极小点 $\bar{x} \in [-0.2189, -0.2189]$，该问题的最优解可采用

$$\bar{x} = 0.5 \times (-0.2103 - 0.2103) = -0.2103 \tag{6.83}$$

作为近似解。

例 6.2 的 MATLAB 程序如下。

（1）0.618 试探法：

```
a=-1;
b=1;
k=1;
while (b-a>0.01)
    if (k==1)
        x1=a+0.382*(b-a);
        x2=a+0.618*(b-a);
    end
    f1=exp(x1)+2*x1^2;
    f2=exp(x2)+2*x2^2;
    if(f1>f2)
        a=x1;
        x1=x2;
        x2=a+0.618*(b-a);
    else
        b=x2;
        x2=x1;
        x1=a+0.382*(b-a);
    end
    k=k+1;
end
```

（2）Fibonacci 试探法：

```
a=-1;
b=1;
F=[1,1,2,3,5,8,13,21,34,55,89,144,233];
n=12;
sigma=0.05;
```

```
for k=1:n-2
    if (k==1)
        x1=a+(F(n-k-1+1)/F(n-k+1+1))*(b-a);
        x2=a+(F(n-k+1)/F(n-k+1+1))*(b-a);

    end
     f1=exp(x1)+2*x1^2;
     f2=exp(x2)+2*x2^2;
     if(f1>f2)
         a=x1;
     if(k~=n-2)
         x1=x2;
         x2=a+(F(n-k-1+1)/F(n-k+1))*(b-a);
     else
         b=x2;
        if(k~=n-2)
            x2=x1;
            x1=a+(F(n-k-2+1)/F(n-k+1))*(b-a);
        end
    end
end
x1=x1;
x2=x1+sigma;
f1=exp(x1)+2*x1^2;
f2=exp(x2)+2*x2^2;
if (f1>f2)
   a=x1;
else
   b=x1;
end
```

思政园地

"摸着石头过河"与一维搜索

1965 年 6 月 6 日，《人民日报》讲到："搞生产要摸着石头过河""只有调查研究，摸到了落脚的一个个石头，才能一步一步走到彼岸，完成任务"。

改革开放以来，党中央、国务院的文件材料中也常引用这句话，如 1981 年 10 月国务院《关于实行工业生产经济责任制若干问题的意见》强调："实行经济责任制，目前还处在探索阶段，各地区、各部门要加强领导，要摸着石头过河，水深水浅还不很清楚，要走一步看一步，两只脚搞得平衡一点，走错了收回来重走，不要摔到水里去。"报告引用"摸着石头过河"，生动、准确地表达在经验不足的情况下要探索着前进。

"摸着石头过河"含有大胆探索、稳妥前进的意义。现在通常被人们认为是改革开放的方法论，有多层含义：第一，河必须过，改革必须进行，在河边逡巡回避问题是不行的，站在河中停滞不前更危险，倒退更不应该；第二，没有桥，没有现成的经验办法可照搬照用；第三，河水比较深，可能还有漩涡，要摸索着过，改革碰到的难题问题很多，有风险；第四，慢点走，找到支点站稳了再走下一步，改革要多试验多总结，试验成功了再推广铺开，既强调稳妥也强调探索。南方谈话中邓小平既强调要大胆地试、大胆地闯，也呼吁要总结经验、不犯大错，他交代："每年领导层都要总结经验，对的就坚持，不对的赶快改，新问题出来抓紧解决。"多年来取得的历史性成就是对"摸着石头过河"改革方法的充分肯定。

2012 年 12 月 31 日，习近平总书记在十八届中央政治局第二次集体学习时，再次强调了摸清改革规律的重要意义："摸着石头过河，是富有中国特色、符合中国国情的改革方法。摸着石头过河就是摸规律。实行改革开放，发展社会主义市场经济，我们的老祖宗没有讲过，其他社会主义国家也没有干过，只能通过实践、认识、再实践、再认识的反复过程，从实践中获得真知。"

习近平总书记说："摸着石头过河，符合人们对客观规律的认识过程，符合事物从量变到质变的辩证法。不能说开放初期要摸着石头过河，现在再摸着石头过河就不能提了。我们是一个大国，决不能在根本性问题上出现颠覆性失误，一旦出现就无可挽回、无法弥补。同时，又不能因此就什么都不动、什么也不改，那样就是僵化、封闭、保守。要采取试点探索、投石问路的方法，取得了经验，形成了共识，看得很准了，感觉到推开很稳当了，再推开，积小胜为大胜。"在现实的决策制定过程中，我们只有不断地搜索和评判，才能获得符合实际的决策。"摸着石头过河"原是民间歇后语，即"摸着石头过河——踩稳一步，再迈一步"。这富有民间智慧的歇后语被用来表示一种科学的工作方法，表示面对新事物要本着稳妥的态度进行探索。

在本章的最优化过程中，对于一维搜索算法，可以借助"摸着石头过河"理论进行类比理解，该算法需要对决策空间进行搜索，并不断地进行评价，确定高效的搜索方向。

习　　题

1．判断下列函数在搜索区间内是否为单峰函数。

（1）$f(x)=\mathrm{e}^x+x^3+x^2$，$x\in[-1,1]$。

（2）$f(x)=0.5^x+x+1$，$x\in[-1,0]$。

（3）$f(x)=2^x+x+1$，$x\in[-0.5,0.5]$。

（4）$f(x)=\ln(x)+x+1$，$x\in[-2,1]$。

2．用 0.618 试探法求解如下问题：

$$f(x)=x^4+1$$

要求搜索精度 $L\leqslant 0.01$，初始搜索区间为$[-2,2]$。

3．用 Fibonacci 试探法求解如下问题：

$$f(x)=x^4+x^3+x^2$$

要求搜索精度 $L\leqslant 0.01$，初始搜索区间为$[-1,1]$。

（1）计算 Fibonacci 试探法需要的迭代次数。

（2）计算上述问题的最优解。

4．求解如下问题：

$$f(x)=\mathrm{e}^{2x}+x^4+1$$

要求搜索精度 $L\leqslant 0.01$，初始搜索区间为$[-2,1]$。

（1）利用 0.618 试探法和 Fibonacci 试探法分别求解上述问题的最优解，并对比两种试探法求得的最优解的精度误差。

（2）编写 MATLAB 程序求解上述问题。

（3）对比 0.618 试探法和 Fibonacci 试探法的计算量。

第 7 章　使用导数的最优化方法

7.1　最速下降法

7.1.1　最速下降方向

无约束优化问题定义为

$$\min f(\boldsymbol{x}),\quad \boldsymbol{x}\in\mathbb{R}^n \tag{7.1}$$

其中，$f(\boldsymbol{x})$是具有一次偏导数的连续函数。

在无约束优化问题中，人们往往希望从一个搜索点出发，选择一个目标函数值下降最快的方向，从而尽快达到最小点。基于该想法，法国数学家 Cauchy（柯西）提出了最速下降法，该方法是最优化方法的基础方法。下面介绍如何选择最速下降方向。

函数$f(\boldsymbol{x})$在$\boldsymbol{x}$点处的$\boldsymbol{d}$方向上的变化率定义为方向导数，方向导数等于函数梯度和方向的内积，因此，求目标函数的最速下降方向可定义为求如下非线性规划问题：

$$\begin{aligned}&\min\nabla f(\boldsymbol{x})^{\mathrm{T}}\boldsymbol{d}\\&\text{s.t.}\quad \|\boldsymbol{d}\|\leqslant 1\end{aligned} \tag{7.2}$$

其中，$\nabla f(\boldsymbol{x})^{\mathrm{T}}\boldsymbol{d}$是函数$f(\boldsymbol{x})$在$\boldsymbol{x}$点处的$\boldsymbol{d}$方向上的方向导数。方向向量的欧几里得范数$\|\boldsymbol{d}\|$小于或等于 1。

根据 Schwartz 不等式，有

$$\left\|\nabla f(\boldsymbol{x})^{\mathrm{T}}\boldsymbol{d}\right\|\leqslant\|\nabla f(\boldsymbol{x})\|\|\boldsymbol{d}\|\leqslant\|\nabla f(\boldsymbol{x})\| \tag{7.3}$$

去掉范数，有

$$\nabla f(\boldsymbol{x})^{\mathrm{T}}\boldsymbol{d}\geqslant-\|\nabla f(\boldsymbol{x})\| \tag{7.4}$$

因此，当

$$\boldsymbol{d}=-\frac{\nabla f(\boldsymbol{x})}{\|\nabla f(\boldsymbol{x})\|} \tag{7.5}$$

时，式（7.4）的等号成立，可以得到式（7.2）的解，函数$f(\boldsymbol{x})$在$\boldsymbol{x}$点处下降最快的方向即最速下降方向（负梯度方向）。

这里特别指出，上述最速下降方向的求解是在欧几里得度量下进行的，如果采用其他的距离度量，则最速下降方向与式（7.5）不同。假设$\boldsymbol{A}$是对称正定矩阵，在度量$\boldsymbol{A}$下求最速下降方向，该问题定义为

$$\begin{aligned}&\min\nabla f(\boldsymbol{x})^{\mathrm{T}}\boldsymbol{d}\\&\text{s.t.}\quad \boldsymbol{d}^{\mathrm{T}}\boldsymbol{A}\boldsymbol{d}\leqslant 1\end{aligned} \tag{7.6}$$

由于 $\boldsymbol{A}$ 是对称正定矩阵，因此有 $\boldsymbol{A}=\boldsymbol{A}^{\frac{1}{2}}\boldsymbol{A}^{\frac{1}{2}}$ $\boldsymbol{A}^{-1}=\boldsymbol{A}^{-\frac{1}{2}}\boldsymbol{A}^{-\frac{1}{2}}$，$\boldsymbol{A}^{-\frac{1}{2}}$ 和 $\boldsymbol{A}^{\frac{1}{2}}$ 为对称正定平方根。因此，式（7.6）可以写为

$$\nabla f(\boldsymbol{x})^{\mathrm{T}}\boldsymbol{d}=\nabla f(\boldsymbol{x})^{\mathrm{T}}\boldsymbol{A}^{\frac{1}{2}}\boldsymbol{A}^{-\frac{1}{2}}\boldsymbol{d}=\left(\boldsymbol{A}^{-\frac{1}{2}}\nabla f(\boldsymbol{x})\right)^{\mathrm{T}}\left(\boldsymbol{A}^{-\frac{1}{2}}\boldsymbol{d}\right) \tag{7.7}$$

$$\boldsymbol{d}^{\mathrm{T}}\boldsymbol{A}\boldsymbol{d}=\boldsymbol{d}^{\mathrm{T}}\boldsymbol{A}^{\frac{1}{2}}\boldsymbol{A}^{\frac{1}{2}}\boldsymbol{d}=\left(\boldsymbol{A}^{\frac{1}{2}}\boldsymbol{d}\right)^{\mathrm{T}}\boldsymbol{A}^{\frac{1}{2}}\boldsymbol{d} \tag{7.8}$$

令 $\boldsymbol{y}=\boldsymbol{A}^{\frac{1}{2}}\boldsymbol{d}$，则式（7.6）变为

$$\begin{aligned}&\min\left(\boldsymbol{A}^{-\frac{1}{2}}\nabla f(\boldsymbol{x})\right)^{\mathrm{T}}\boldsymbol{y}\\&\text{s.t.}\quad \boldsymbol{y}^{\mathrm{T}}\boldsymbol{y}\leqslant 1\end{aligned} \tag{7.9}$$

同样，根据 Schwartz 不等式，有

$$\left\|\left(\boldsymbol{A}^{-\frac{1}{2}}\nabla f(\boldsymbol{x})\right)^{\mathrm{T}}\boldsymbol{y}\right\|\leqslant\left\|\boldsymbol{A}^{-\frac{1}{2}}\nabla f(\boldsymbol{x})\right\|\left\|\boldsymbol{y}\right\|\leqslant\left\|\boldsymbol{A}^{-\frac{1}{2}}\nabla f(\boldsymbol{x})\right\| \tag{7.10}$$

去掉绝对值，得

$$\left(\boldsymbol{A}^{-\frac{1}{2}}\nabla f(\boldsymbol{x})\right)^{\mathrm{T}}\boldsymbol{y}\geqslant-\left\|\boldsymbol{A}^{-\frac{1}{2}}\nabla f(\boldsymbol{x})\right\| \tag{7.11}$$

当式（7.11）的等式成立时，有

$$\boldsymbol{d}=\frac{-\boldsymbol{A}^{-1}\nabla f(\boldsymbol{x})}{(\nabla f(\boldsymbol{x})^{\mathrm{T}}\boldsymbol{A}^{-1}\nabla f(\boldsymbol{x}))^{\frac{1}{2}}} \tag{7.12}$$

由此可以得到式（7.6）的解，函数 $f(\boldsymbol{x})$ 在 $\boldsymbol{x}$ 点处下降最快的方向即最速下降方向。在通常的最优化理论中，最常用的是如式（7.5）所示的欧几里得度量下的最速下降方向。因此，下面无特殊说明的情况下，最速下降方向均为欧几里得度量下的最速下降方向。

7.1.2 最速下降法的迭代算法

最速下降法的迭代公式为

$$\boldsymbol{x}^{k+1}=\boldsymbol{x}^{k}+\lambda_k\boldsymbol{d}^{k} \tag{7.13}$$

其中，$\boldsymbol{d}^k$ 是从 $\boldsymbol{x}^k$ 点出发的搜索方向。这里取 $\boldsymbol{x}^k$ 点处的最速下降方向，即

$$\boldsymbol{d}^{k}=-\nabla f(\boldsymbol{x}^{k}) \tag{7.14}$$

因此，最速下降法优化问题转换为一维搜索的步长因子问题，即

$$f(\boldsymbol{x}^{k}+\lambda^{k}\boldsymbol{d}^{k})=\min_{\lambda\geqslant 0}f(\boldsymbol{x}^{k}+\lambda\boldsymbol{d}^{k}) \tag{7.15}$$

其中，λ^k 是 $f(\boldsymbol{x})$ 从 $\boldsymbol{x}^k$ 点出发，沿 $\boldsymbol{d}^k$ 方向进行一维搜索的步长因子。

最速下降法的步骤如下。

（1）给定初始点 $\boldsymbol{x}^1$，允许误差 $\varepsilon>0$，$k=1$。

（2）在第 k 次迭代中，计算最速下降方向，即 $\boldsymbol{d}^k = -\nabla f(\boldsymbol{x}^k)$。

（3）若 $\|\boldsymbol{d}^k\| \leqslant \varepsilon$，则停止计算；反之，从 $\boldsymbol{x}^k$ 点出发，沿着 $\boldsymbol{d}^k$ 方向进行一维搜索，求解 λ^k，即

$$f(\boldsymbol{x}^k + \lambda^k \boldsymbol{d}^k) = \min_{\lambda \geqslant 0} f(\boldsymbol{x}^k + \lambda \boldsymbol{d}^k)$$

（4）令 $\boldsymbol{x}^{k+1} = \boldsymbol{x}^k + \lambda^k \boldsymbol{d}^k$，$k = k+1$，转到步骤（2）。

7.1.3 最速下降法的收敛性

最速下降法的收敛速度：从局部来看，最速下降方向是目标函数值下降最快的方向，沿该方向进行搜索是最有利的；从全局来看，由于锯齿效应的影响，即使沿着最速下降方向进行搜索，搜索距离也不大，且收敛速度大大减慢。因此，最速下降法并不是速度最快的收敛方法，从全局来看，其收敛速度是比较慢的。因此，最速下降法往往应用于计算过程的前期迭代或中间步骤。当搜索区间接近极小点时，最速下降法的收敛速度是较慢的，并不利于目标函数值快速减小。

例 7.1　利用最速下降法求解以下问题：

$$\min f(\boldsymbol{x}) = x_1^2 + x_2^2 + 3 \tag{7.16}$$

初始点为 $\boldsymbol{x}^1 = (-1,1)^{\mathrm{T}}$，$\varepsilon = 0.2$。

解：目标函数的梯度为

$$\nabla f(\boldsymbol{x}) = \begin{bmatrix} 2x_1 \\ 2x_2 \end{bmatrix} \tag{7.17}$$

第一次迭代，最速下降方向为

$$\boldsymbol{d}^1 = -\nabla \boldsymbol{f}(\boldsymbol{x}^1) = \begin{bmatrix} 2 \\ -2 \end{bmatrix} \tag{7.18}$$

给定最速下降方向 $\boldsymbol{d}^1$，求解最优步长因子 λ^1，即

$$\min_{\lambda^1 \geqslant 0} \psi(\lambda^1) = \boldsymbol{f}(\boldsymbol{x}^1 + \lambda^1 \boldsymbol{d}^1) \tag{7.19}$$

$$\boldsymbol{x}^1 + \lambda^1 \boldsymbol{d}^1 = \begin{bmatrix} -1 \\ 1 \end{bmatrix} + \lambda^1 \begin{bmatrix} 2 \\ -2 \end{bmatrix} = \begin{bmatrix} -1+2\lambda^1 \\ 1-2\lambda^1 \end{bmatrix} \tag{7.20}$$

此时，有

$$\psi(\lambda^1) = (-1+2\lambda^1)^2 + (1-2\lambda^1)^2 + 3 \tag{7.21}$$

求其导数为

$$\psi'(\lambda^1) = 2(1-2\lambda^1)\times(-2) + 2(1-2\lambda^1)\times(-2) = 0 \tag{7.22}$$

$$\lambda^1 = \frac{1}{2} \tag{7.23}$$

$$\boldsymbol{x}^2 = \boldsymbol{x}^1 + \lambda^1 \boldsymbol{d}^1 = \begin{bmatrix} -1 \\ 1 \end{bmatrix} + \frac{1}{2}\begin{bmatrix} 2 \\ -2 \end{bmatrix} = \begin{bmatrix} 0 \\ 0 \end{bmatrix} \tag{7.24}$$

第二次迭代，最速下降方向为

$$\boldsymbol{d}^2=-\nabla f(x^2)=\begin{bmatrix}0\\0\end{bmatrix},\quad \left\|\boldsymbol{d}^2\right\|=0<0.2 \tag{7.25}$$

因此，经过一次迭代，得到目标函数的极小点为 $\boldsymbol{x}=[0\quad 0]^{\mathrm{T}}$ 。

7.2 牛 顿 法

7.2.1 牛顿法的迭代算法

设 $f(\boldsymbol{x})$ 是二次可微实函数，$\boldsymbol{x}^k$ 是 $f(\boldsymbol{x})$ 的一个极小值估计，因此，$f(\boldsymbol{x})$ 在 $\boldsymbol{x}^k$ 点处的二次泰勒级数展开式为

$$f(\boldsymbol{x})\approx f(\boldsymbol{x}^k)+\nabla f(\boldsymbol{x}^k)^{\mathrm{T}}(\boldsymbol{x}-\boldsymbol{x}^k)+\frac{1}{2}(\boldsymbol{x}-\boldsymbol{x}^k)^{\mathrm{T}}\nabla^2 f(\boldsymbol{x}^k)(\boldsymbol{x}-\boldsymbol{x}^k) \tag{7.26}$$

其中，$\nabla^2 f(\boldsymbol{x}^k)$ 是 $f(\boldsymbol{x})$ 在 $\boldsymbol{x}^k$ 点处的 Hessian 矩阵。为求得极小点，对上式求导数得

$$\nabla f(\boldsymbol{x}^k)+\nabla^2 f(\boldsymbol{x}^k)(\boldsymbol{x}-\boldsymbol{x}^k)=0 \tag{7.27}$$

假设 $\nabla^2 f(\boldsymbol{x}^k)$ 可逆，则得到牛顿法的迭代公式为

$$\boldsymbol{x}^{k+1}=\boldsymbol{x}^k-\nabla^2 f(\boldsymbol{x}^k)^{-1}\nabla f(\boldsymbol{x}^k) \tag{7.28}$$

其中，$\nabla^2 f(\boldsymbol{x}^k)^{-1}$ 是 Hessian 矩阵 $\nabla^2 f(\boldsymbol{x}^k)$ 的逆矩阵。这样，已知第 k 次迭代点 $\boldsymbol{x}^k$，计算该点的梯度和 Hessian 矩阵的逆矩阵，并代入式（7.28），便可以得到下一个迭代点 $\boldsymbol{x}^{k+1}$，依次类推，产生序列 $\{\boldsymbol{x}^k\}$。在一定的条件下，该序列收敛。

定理 7.1 假设 $f(\boldsymbol{x})$ 是二次连续可微函数，$\bar{\boldsymbol{x}}$ 满足 $\nabla f(\bar{\boldsymbol{x}})=0$，且 $\nabla^2 f(\bar{\boldsymbol{x}})^{-1}$ 存在。假设初始点 $\boldsymbol{x}^0$ 逼近 $\bar{\boldsymbol{x}}$，且 $k_1k_2<1$，则对于每个试探点 $\boldsymbol{x}$，有

$$\boldsymbol{x}\in \boldsymbol{X}=\{\boldsymbol{x}\mid \left\|\boldsymbol{x}-\bar{\boldsymbol{x}}\right\|\leqslant\left\|\boldsymbol{x}^0-\bar{\boldsymbol{x}}\right\|\} \tag{7.29}$$

因此有

$$\left\|\nabla^2 f(\boldsymbol{x})\right\|^{-1}\leqslant -1 \tag{7.30}$$

$$\frac{\left\|\nabla f(\bar{\boldsymbol{x}})-\nabla f(\boldsymbol{x})-\nabla^2 f(\boldsymbol{x})(\bar{\boldsymbol{x}}-\boldsymbol{x})\right\|}{\left\|\bar{\boldsymbol{x}}-\boldsymbol{x}\right\|}\leqslant k_2 \tag{7.31}$$

即牛顿法产生的序列收敛于 $\bar{\boldsymbol{x}}$ 。

证明：牛顿法的迭代算法映射 A 定义为

$$A(\boldsymbol{x})=\boldsymbol{x}-\nabla^2 f(\boldsymbol{x})^{-1}\nabla f(\boldsymbol{x}) \tag{7.32}$$

定义解集合为 $\{\bar{\boldsymbol{x}}\}$，令函数 $\alpha(\boldsymbol{x})=\left\|\boldsymbol{x}-\bar{\boldsymbol{x}}\right\|$ 。这里需要证明函数 $\alpha(\boldsymbol{x})$ 是关于解集合和迭代算法映射 A 的下降函数。

令 $\boldsymbol{y}\in A(\boldsymbol{x})$ 且 $\boldsymbol{x}\neq\bar{\boldsymbol{x}}$ ，则可得

$$\boldsymbol{y}-\bar{\boldsymbol{x}}=\boldsymbol{x}-\nabla^2 f(\boldsymbol{x})^{-1}\nabla f(\boldsymbol{x})-\bar{\boldsymbol{x}}=(\boldsymbol{x}-\bar{\boldsymbol{x}})-\nabla^2 f(\boldsymbol{x})^{-1}[\nabla f(\boldsymbol{x})] \tag{7.33}$$

由于 $\nabla f(\bar{\boldsymbol{x}})=0$ 且 $\nabla^2 f(\bar{\boldsymbol{x}})^{-1}$ 存在，因此有

$$\begin{aligned}\boldsymbol{y}-\bar{\boldsymbol{x}}&=(\boldsymbol{x}-\bar{\boldsymbol{x}})-\nabla^2 f(\boldsymbol{x})^{-1}[\nabla f(\boldsymbol{x})-\nabla f(\bar{\boldsymbol{x}})]\\&=\nabla^2 f(\boldsymbol{x})^{-1}[\nabla f(\bar{\boldsymbol{x}})-\nabla f(\boldsymbol{x})-\nabla^2 f(\boldsymbol{x})(\bar{\boldsymbol{x}}-\boldsymbol{x})]\end{aligned} \tag{7.34}$$

可得

$$\|\boldsymbol{y}-\bar{\boldsymbol{x}}\|\leqslant\|\nabla^2 f(\boldsymbol{x})^{-1}\|\|\nabla f(\bar{\boldsymbol{x}})-\nabla f(\boldsymbol{x})-\nabla^2 f(\boldsymbol{x})(\bar{\boldsymbol{x}}-\boldsymbol{x})\|\leqslant k_1k_2\|\bar{\boldsymbol{x}}-\boldsymbol{x}\|<\|\bar{\boldsymbol{x}}-\boldsymbol{x}\|$$

因此，函数 $\alpha(\boldsymbol{x})$ 是下降函数，迭代生成的解序列 $\boldsymbol{x}^k\in\boldsymbol{X}$ 包含于紧集中。此外，迭代算法映射 A 在紧集上是闭的。综上所述，迭代生成的解序列 $\boldsymbol{x}^k$ 收敛于 $\bar{\boldsymbol{x}}$ 。

例 7.2　用牛顿法求解下列函数：

$$\min f(x_1,x_2)=(x_1-1)^3+x_2^3 \tag{7.35}$$

解：目标函数的梯度和 Hessian 矩阵分别为

$$\nabla f(\boldsymbol{x})=\begin{bmatrix}3(x_1-1)^2\\3x_2^2\end{bmatrix},\quad \nabla^2 f(\boldsymbol{x})=\begin{bmatrix}6(x_1-1)&0\\0&6x_2\end{bmatrix} \tag{7.36}$$

第一次迭代，初始点设置为 $\boldsymbol{x}^1=[0,1]^{\mathrm{T}}$ ，有

$$\nabla f(\boldsymbol{x}^1)=\begin{bmatrix}3\\3\end{bmatrix},\quad \nabla^2 f(\boldsymbol{x}^1)=\begin{bmatrix}-6&0\\0&6\end{bmatrix} \tag{7.37}$$

$$\boldsymbol{x}^2=\boldsymbol{x}^1-\nabla^2 f(\boldsymbol{x}^1)^{-1}\cdot\nabla f(\boldsymbol{x}^1)=\begin{bmatrix}0\\1\end{bmatrix}-\begin{bmatrix}-6&0\\0&6\end{bmatrix}^{-1}\begin{bmatrix}3\\3\end{bmatrix}=\begin{bmatrix}\frac{1}{2}\\\frac{1}{2}\end{bmatrix} \tag{7.38}$$

第二次迭代，有

$$\nabla f(\boldsymbol{x}^2)=\begin{bmatrix}\frac{3}{4}\\\frac{3}{4}\end{bmatrix},\quad \nabla^2 f(\boldsymbol{x}^2)=\begin{bmatrix}-3&0\\0&3\end{bmatrix} \tag{7.39}$$

$$\boldsymbol{x}^3=\boldsymbol{x}^2-\nabla^2 f(\boldsymbol{x}^2)^{-1}\cdot\nabla f(\boldsymbol{x}^2)=\begin{bmatrix}\frac{1}{2}\\\frac{1}{2}\end{bmatrix}-\begin{bmatrix}-3&0\\0&3\end{bmatrix}^{-1}\begin{bmatrix}\frac{3}{4}\\\frac{3}{4}\end{bmatrix}=\begin{bmatrix}\frac{3}{4}\\\frac{1}{4}\end{bmatrix} \tag{7.40}$$

第三次迭代，有

$$\nabla f(\boldsymbol{x}^3)=\begin{bmatrix}\frac{3}{16}\\\frac{3}{16}\end{bmatrix},\quad \nabla^2 f(\boldsymbol{x}^3)=\begin{bmatrix}-\frac{3}{2}&0\\0&\frac{3}{2}\end{bmatrix} \tag{7.41}$$

$$x^4 = x^3 - \nabla^2 f(x^3)^{-1}\nabla f(x^3) = \begin{bmatrix} \frac{3}{4} \\ \frac{1}{4} \end{bmatrix} - \begin{bmatrix} -\frac{3}{2} & 0 \\ 0 & \frac{3}{2} \end{bmatrix}^{-1} \begin{bmatrix} \frac{3}{16} \\ \frac{3}{16} \end{bmatrix} = \begin{bmatrix} \frac{7}{8} \\ \frac{1}{8} \end{bmatrix} \tag{7.42}$$

第四次迭代，有

$$\nabla f(x^4) = \begin{bmatrix} \frac{3}{64} \\ \frac{3}{64} \end{bmatrix}, \quad \nabla^2 f(x^4) = \begin{bmatrix} -\frac{3}{4} & 0 \\ 0 & \frac{3}{4} \end{bmatrix} \tag{7.43}$$

$$x^5 = x^4 - \nabla^2 f(x^4)^{-1}\nabla f(x^4) = \begin{bmatrix} \frac{7}{8} \\ \frac{1}{8} \end{bmatrix} - \begin{bmatrix} -\frac{3}{4} & 0 \\ 0 & \frac{3}{4} \end{bmatrix}^{-1} \begin{bmatrix} \frac{3}{64} \\ \frac{3}{64} \end{bmatrix} = \begin{bmatrix} \frac{15}{16} \\ \frac{1}{16} \end{bmatrix} \tag{7.44}$$

使用牛顿法迭代求解目标函数，无限逼近函数的最优解 $\bar{x} = [1,0]^{\mathrm{T}}$ 。

当牛顿法收敛时，满足以下关系（见文献[10]）：

$$\left\| x^{k+1} - \bar{x} \right\| \leqslant c \left\| x^k - \bar{x} \right\|^2 \tag{7.45}$$

其中，c 为常数。牛顿法收敛速度较快，至少为 2 级收敛。

针对二次凸函数

$$f(x) = \frac{1}{2} x^{\mathrm{T}} A x + b^{\mathrm{T}} x + c \tag{7.46}$$

利用其导数求得的极小点为

$$\nabla f(x) = Ax + b = 0 \tag{7.47}$$

$$\bar{x} = -A^{-1} b \tag{7.48}$$

下面采用牛顿法求解二次凸函数的最优解。

目标函数的 Hessian 矩阵为

$$\nabla^2 f(x) = A \tag{7.49}$$

根据式（7.28），求得第一次迭代的最优解为

$$x^2 = x^1 - \nabla^2 f(x^1)^{-1}\nabla f(x^1) = x^1 - A^{-1}(Ax^1 + b) = -A^{-1} b \tag{7.50}$$

显然，$x^2 = \bar{x}$，第一次迭代即可得到极小点。因此，二次凸函数通过一次牛顿法迭代即可得到目标函数的极小值。

需要注意的是，当初始点远离最优解时，牛顿方向[见式（7.51）]不一定是下降方向，从而导致牛顿法可能不收敛。

$$d^k = -\nabla^2 f(x^k)^{-1}\nabla f(x^k) \tag{7.51}$$

即使牛顿方向是下降方向，得到的迭代点也不一定是极小点。因此，人们对牛顿法进行改进，得到了阻尼牛顿法。

7.2.2 阻尼牛顿法

阻尼牛顿法与牛顿法的区别在于添加了牛顿方向的一维搜索，其迭代公式为

$$\boldsymbol{x}^{k+1}=\boldsymbol{x}^k+\lambda_k\boldsymbol{d}^k \tag{7.52}$$

其中，牛顿方向采用式（7.51）求得。根据一维搜索求 λ_k，即

$$f(\boldsymbol{x}^k+\lambda_k\boldsymbol{d}^k)=\min_{\lambda} f(\boldsymbol{x}^k+\lambda\boldsymbol{d}^k) \tag{7.53}$$

阻尼牛顿法的计算步骤如下。

（1）给定初始点 $\boldsymbol{x}^1$，允许误差 $\varepsilon>0$。

（2）计算目标函数 $f(\boldsymbol{x})$ 的梯度和 Hessian 矩阵，即 $\nabla f(\boldsymbol{x})$ 和 $\nabla^2 f(\boldsymbol{x})$。

（3）若 $\left\|\nabla f(\boldsymbol{x}^k)\right\|\leqslant\varepsilon$，则停止迭代；否则，计算牛顿方向，即 $\boldsymbol{d}^k=-\nabla^2 f(\boldsymbol{x}^k)^{-1}\nabla f(\boldsymbol{x}^k)$。

（4）从 $\boldsymbol{x}^k$ 出发进行一维搜索，求最优步长因子 λ_k，即 $f(\boldsymbol{x}^k+\lambda_k\boldsymbol{d}^k)=\min\limits_{\lambda} f(\boldsymbol{x}^k+\lambda\boldsymbol{d}^k)$，令 $\boldsymbol{x}^{k+1}=\boldsymbol{x}^k+\lambda_k\boldsymbol{d}^k$，$k=k+1$，转入步骤（2）。

因为阻尼牛顿法含有一维搜索，所以目标函数值在每次迭代后都会减小。可以证明，阻尼牛顿法在一定条件下具有全局收敛性。

例 7.3　用阻尼牛顿法求解如下目标函数：

$$\min f(x_1,x_2)=(x_1-1)^2+x_2^2 \tag{7.54}$$

初始点为 $\boldsymbol{x}^1=[0,1]^{\mathrm{T}}$，允许误差为 $\varepsilon=0.01$

解：目标函数的梯度和 Hessian 矩阵分别为

$$\nabla f(\boldsymbol{x})=\begin{bmatrix}2(x_1-1)\\2x_2\end{bmatrix},\quad \nabla^2 f(\boldsymbol{x})=\begin{bmatrix}2&0\\0&2\end{bmatrix} \tag{7.55}$$

第一次迭代，初始点设置为 $\boldsymbol{x}^1=[0,1]^{\mathrm{T}}$，有

$$\nabla f(\boldsymbol{x}^1)=\begin{bmatrix}-2\\2\end{bmatrix}>0.01,\quad \nabla^2 f(\boldsymbol{x}^1)=\begin{bmatrix}2&0\\0&2\end{bmatrix} \tag{7.56}$$

牛顿方向为

$$\boldsymbol{d}^1=-\nabla^2 f(\boldsymbol{x}^1)^{-1}\nabla f(\boldsymbol{x}^1)=-\begin{bmatrix}2&0\\0&2\end{bmatrix}^{-1}\begin{bmatrix}-2\\2\end{bmatrix}=\begin{bmatrix}1\\-1\end{bmatrix} \tag{7.57}$$

一维搜索最优步长因子 λ_k 的目标函数为

$$\varphi(\lambda_1)=\min_{\lambda} f(\boldsymbol{x}^1+\lambda\boldsymbol{d}^1)=\min_{\lambda}\{(\lambda-1)^2+(1-\lambda)^2\} \tag{7.58}$$

$$\varphi'(\lambda_1)=2(\lambda-1)=0 \tag{7.59}$$

$$\lambda_1=1 \tag{7.60}$$

$$\boldsymbol{x}^2=\boldsymbol{x}^1+\lambda^1\boldsymbol{d}^1=[1,0]^{\mathrm{T}} \tag{7.61}$$

第二次迭代，有

$$\nabla f(\boldsymbol{x}^2)=\begin{bmatrix}-2\times(1-1)\\2\times 0\end{bmatrix}<0.01 \tag{7.62}$$

$\nabla f(\boldsymbol{x}^2)<\varepsilon$，满足允许误差，得到该函数的极小点为 $\bar{\boldsymbol{x}}=[1,0]^{\mathrm{T}}$，也证明了对于二次凸函数，阻尼牛顿法可通过一次迭代得到该目标函数的极小点。

7.2.3 牛顿法的进一步修正

牛顿法和阻尼牛顿法存在共同的缺点：①可能存在 Hessian 矩阵奇异，不能搜索到下一个迭代点；②即使 Hessian 矩阵非奇异，也可能存在非正定的问题，因此，牛顿方向不一定是下降方向，从而导致算法失效。

例 7.4 用阻尼牛顿法求解如下目标函数：

$$\min f(\boldsymbol{x})=x_1^2+x_1x_2+x_2 \tag{7.63}$$

解：目标函数的梯度和 Hessian 矩阵分别为

$$\nabla f(\boldsymbol{x})=\begin{bmatrix}2x_1+x_2\\x_1+1\end{bmatrix},\quad \nabla^2 f(\boldsymbol{x})=\begin{bmatrix}2&1\\1&0\end{bmatrix} \tag{7.64}$$

取初始点 $\boldsymbol{x}^1=[0,1]^{\mathrm{T}}$，则有

$$\nabla f(\boldsymbol{x}^1)=\begin{bmatrix}1\\1\end{bmatrix},\quad \nabla^2 f(\boldsymbol{x}^1)=\begin{bmatrix}2&1\\1&0\end{bmatrix} \tag{7.65}$$

牛顿方向为

$$\boldsymbol{d}^1=-\nabla^2 f(\boldsymbol{x}^1)^{-1}\nabla f(\boldsymbol{x}^1)=\begin{bmatrix}-1\\1\end{bmatrix} \tag{7.66}$$

从 $\boldsymbol{x}^1=[0,1]^{\mathrm{T}}$ 出发，沿着 $\boldsymbol{d}^1$ 方向进行一维搜索，令

$$\varphi(\lambda)=f(\boldsymbol{x}^1+\lambda\boldsymbol{d}^1) \tag{7.67}$$

$$\varphi(\lambda)=(-\lambda)^2+(-\lambda)(1+\lambda)+(1+\lambda) \tag{7.68}$$

显然，阻尼牛顿法不能产生新迭代点，而初始点 $\boldsymbol{x}^1=[0,1]^{\mathrm{T}}$ 并不是目标函数的极小点，原因在于 Hessian 矩阵 $\nabla^2 f(\boldsymbol{x})$ 非正定。

为了克服阻尼牛顿法的 Hessian 矩阵非正定的问题，通过修正 Hessian 矩阵 $\nabla^2 f(\boldsymbol{x})$，构造对称正定矩阵 $\boldsymbol{G}_k$，用 $\boldsymbol{G}_k$ 代替式（7.27）中的 Hessian 矩阵 $\nabla^2 f(\boldsymbol{x})$，得

$$\nabla f(\boldsymbol{x}^k)+\boldsymbol{G}_k(\boldsymbol{x}-\boldsymbol{x}^k)=0 \tag{7.69}$$

令搜索方向为 $\boldsymbol{d}_k=\boldsymbol{x}-\boldsymbol{x}^k$，则在 $\boldsymbol{x}^k$ 下的下降方向为

$$\boldsymbol{d}^k=-\boldsymbol{G}_k^{-1}\nabla f(\boldsymbol{x}^k) \tag{7.70}$$

构造对称正定矩阵的方法为

$$\boldsymbol{G}_k=\nabla^2 f(\boldsymbol{x})+\varepsilon\boldsymbol{I} \tag{7.71}$$

其中，$\boldsymbol{I}$ 是单位矩阵。只要 $\varepsilon > 0$ 取得足够大，$\boldsymbol{G}_k$ 的特征值均为正数，就能保证 Hessian 矩阵的正定性。

7.3　共轭梯度法

7.3.1　共轭方向

本节主要引入一种基于共轭方向的最优化方法——共轭梯度法。首先引入共轭方向的概念。

定义 7.1　设 $\boldsymbol{A}$ 为 $n \times n$ 的对称正定矩阵，存在两个方向 $\boldsymbol{d}^1$ 和 $\boldsymbol{d}^2$，满足

$$\boldsymbol{d}^{1\mathrm{T}} \boldsymbol{A} \boldsymbol{d}^2 = 0 \tag{7.72}$$

则这两个方向是关于 $\boldsymbol{A}$ 的共轭方向。

推广到存在 $\boldsymbol{d}^1, \boldsymbol{d}^2, \cdots, \boldsymbol{d}^n$ 中的 n 个方向，若满足

$$\boldsymbol{d}^{i\mathrm{T}} \boldsymbol{A} \boldsymbol{d}^j = 0,\quad i \neq j,\quad i, j = 1, 2, \cdots, \boldsymbol{n} \tag{7.73}$$

则说明 $\boldsymbol{d}^1, \boldsymbol{d}^2, \cdots, \boldsymbol{d}^n$ 是两两关于 $\boldsymbol{A}$ 的共轭，该组方向是关于 $\boldsymbol{A}$ 的共轭方向。

特别地，若 $\boldsymbol{A}$ 是单位矩阵，则说明 $\boldsymbol{d}^i$ 和 $\boldsymbol{d}^j$ 两个方向相互正交；若 $\boldsymbol{A}$ 是一般的正定对称矩阵，则说明 $\boldsymbol{d}^i$ 和 $\boldsymbol{A}\boldsymbol{d}^j$ 两个方向相互正交。

下面以正定二次函数为例来分析共轭方向的几何意义。

假设正定二次函数为

$$f(\boldsymbol{x}) = \frac{1}{2}(\boldsymbol{x} - \overline{\boldsymbol{x}})^{\mathrm{T}} \boldsymbol{A}(\boldsymbol{x} - \overline{\boldsymbol{x}}) \tag{7.74}$$

其中，$\boldsymbol{A}$ 是 $n \times n$ 对称正定矩阵；$\overline{\boldsymbol{x}}$ 是其中的一个点，$f(\boldsymbol{x})$ 的等值面是以 $\overline{\boldsymbol{x}}$ 为中心的椭球面，即

$$\frac{1}{2}(\boldsymbol{x} - \overline{\boldsymbol{x}})^{\mathrm{T}} \boldsymbol{A}(\boldsymbol{x} - \overline{\boldsymbol{x}}) = c \tag{7.75}$$

由于

$$\nabla f(\boldsymbol{x}) = \boldsymbol{A}(\boldsymbol{x} - \overline{\boldsymbol{x}}) = 0 \tag{7.76}$$

因此，$\overline{\boldsymbol{x}}$ 是 $f(\boldsymbol{x})$ 的极小点。

$f(\boldsymbol{x})$ 的等值面在 $\boldsymbol{x}^1$ 处的法向量为

$$\nabla f(\boldsymbol{x}^1) = \boldsymbol{A}(\boldsymbol{x}^1 - \overline{\boldsymbol{x}}) \tag{7.77}$$

设 $\boldsymbol{d}^1$ 是等值面上 $\boldsymbol{x}^1$ 处的切向量，即

$$\boldsymbol{d}^1 = \overline{\boldsymbol{x}} - \boldsymbol{x}^1 \tag{7.78}$$

显然，$\boldsymbol{d}^1$ 与 $\nabla f(\boldsymbol{x}^1)$ 相互正交，$\boldsymbol{d}^{1\mathrm{T}} \nabla f(\boldsymbol{x}^1) = 0$，因此有

$$\boldsymbol{d}^{1\mathrm{T}} \boldsymbol{A} \boldsymbol{d}^2 = 0 \tag{7.79}$$

说明等值面上一点的切向量与由该点指向极小点的向量关于 $\boldsymbol{A}$ 共轭。因此，若按照 $\boldsymbol{d}^1$ 和 $\boldsymbol{d}^2$ 进行一维搜索，则通过两次迭代即可得到极小点 $\overline{\boldsymbol{x}}$。

下面介绍共轭方向的两个重要定理。

定理 7.2 设 $\boldsymbol{A}$ 是 $n\times n$ 对称正定矩阵，$\boldsymbol{d}^1,\boldsymbol{d}^2,\cdots,\boldsymbol{d}^n$ 是 n 个与 $\boldsymbol{A}$ 共轭的非零向量，则这个向量组线性无关。

证明： 存在 $\alpha_1,\alpha_2,\cdots,\alpha_n$，满足

$$\sum_{i=1}^{n}\alpha_i\boldsymbol{d}^j=0 \tag{7.80}$$

上式两端左乘 $\boldsymbol{d}^{i\mathrm{T}}\boldsymbol{A}$，由于 $\boldsymbol{d}^1,\boldsymbol{d}^2,\cdots,\boldsymbol{d}^n$ 与 $\boldsymbol{A}$ 共轭，因此有

$$\sum_{i=1}^{n}\alpha_i\boldsymbol{d}^{i\mathrm{T}}\boldsymbol{A}\boldsymbol{d}^j=0 \tag{7.81}$$

由于 $\boldsymbol{A}$ 是对称正定矩阵，$\boldsymbol{d}^i$ 为非零向量，因此 $\boldsymbol{d}^{i\mathrm{T}}\boldsymbol{A}\boldsymbol{d}^j>0$，则有

$$\alpha_i=0,\quad i=1,2,\cdots,n \tag{7.82}$$

$\boldsymbol{d}^1,\boldsymbol{d}^2,\cdots,\boldsymbol{d}^n$ 线性无关得证。

定理 7.3 设函数为

$$f(\boldsymbol{x})=\frac{1}{2}\boldsymbol{x}^{\mathrm{T}}\boldsymbol{A}\boldsymbol{x}+\boldsymbol{b}^{\mathrm{T}}\boldsymbol{x}+c \tag{7.83}$$

其中，$\boldsymbol{A}$ 是 $n\times n$ 对称正定矩阵；$\boldsymbol{d}^1,\boldsymbol{d}^2,\cdots,\boldsymbol{d}^n$ 是 n 个与 $\boldsymbol{A}$ 共轭的非零向量。从初始点 $\boldsymbol{x}^1$ 出发，沿着 $\boldsymbol{d}^1,\boldsymbol{d}^2,\cdots,\boldsymbol{d}^n$ 方向进行有限次一维搜索，必达到 $f(\boldsymbol{x})$ 的唯一极小点 $\boldsymbol{x}^{n+1}$，符合二次终止性。

7.3.2 FR 共轭梯度法

本节主要介绍 Fletcher Reeves 法（共轭梯度法，FR 法）。

FR 法的基本思想是结合共轭性和最速下降法，利用已知点的梯度构建共轭方向，并沿着共轭方向进行一维搜索，得到目标函数的极小点。根据共轭方向的二次终止性，共轭梯度法在有限次迭代下，可以得到极小点。

下面首先讨论二次凸函数的 FR 法，然后将该方法推广到一般函数。

针对以下二次凸函数：

$$\min f(\boldsymbol{x})=\frac{1}{2}\boldsymbol{x}^{\mathrm{T}}\boldsymbol{A}\boldsymbol{x}+\boldsymbol{b}^{\mathrm{T}}\boldsymbol{x}+c \tag{7.84}$$

其中，$\boldsymbol{A}$ 是对称正定矩阵；c 是常数；$\boldsymbol{x}\in\mathbb{R}^n$。

FR 法的求解方法如下。

首先，给定初始点 $\boldsymbol{x}^1$，计算 $f(\boldsymbol{x})$ 在 $\boldsymbol{x}^1$ 处的梯度，$g(\boldsymbol{x})=\nabla f(\boldsymbol{x})$，若 $\left\|g(\boldsymbol{x}^1)\right\|=0$，则停止计算；否则，计算搜索方向，即

$$\boldsymbol{d}^1=-\nabla f(\boldsymbol{x}^1)=-g(\boldsymbol{x}^1) \tag{7.85}$$

然后，沿着 $\boldsymbol{d}^1$ 方向进行一维搜索，计算 $\boldsymbol{x}^2$。同时计算 $\boldsymbol{x}^2$ 处的梯度，若 $\left\|g(\boldsymbol{x}^2)\right\|\neq 0$，则利用 $-g(\boldsymbol{x}^2)$ 和 $\boldsymbol{d}^1$ 构建搜索方向 $\boldsymbol{d}^2$，继续沿着 $\boldsymbol{d}^2$ 方向进行一维搜索。

针对第 k 次迭代，已知搜索点 $\boldsymbol{x}^k$ 和搜索方向 $\boldsymbol{d}^k$，则从 $\boldsymbol{x}^k$ 出发，沿着 $\boldsymbol{d}^k$ 方向进行一维搜索，即

$$f(\boldsymbol{x}^k + \lambda_k \boldsymbol{d}^k) = \min_{\lambda} f(\boldsymbol{x}^k + \lambda \boldsymbol{d}^k) \tag{7.86}$$

对上式求导数，并令 $\varphi'(\lambda) = 0$，即

$$\varphi'(\lambda) = \nabla f(\boldsymbol{x}^k + \lambda \boldsymbol{d}^k)^{\mathrm{T}} \boldsymbol{d}^k = 0 \tag{7.87}$$

由于二次凸函数的梯度为 $\nabla f(\boldsymbol{x}^k) = \boldsymbol{A}\boldsymbol{x} + \boldsymbol{b}$，因此式（7.87）变为

$$\varphi'(\lambda) = (\boldsymbol{A}(\boldsymbol{x}^k + \lambda \boldsymbol{d}^k) + \boldsymbol{b})^{\mathrm{T}} \boldsymbol{d}^k = 0 \tag{7.88}$$

$$(\boldsymbol{A}\boldsymbol{x}^k + \boldsymbol{b} + \lambda_k \boldsymbol{A}\boldsymbol{d}^k)^{\mathrm{T}} \boldsymbol{d}^k = (\boldsymbol{g}_k + \lambda_k \boldsymbol{A}\boldsymbol{d}^k)^{\mathrm{T}} \boldsymbol{d}^k = 0 \tag{7.89}$$

得到最优步长因子 λ_k 为

$$\lambda_k = -\frac{\boldsymbol{g}_k^{\mathrm{T}} \boldsymbol{d}^k}{\boldsymbol{d}^{k\mathrm{T}} \boldsymbol{A} \boldsymbol{d}^k} \tag{7.90}$$

最后，计算 $f(\boldsymbol{x})$ 在 $\boldsymbol{x}^{k+1}$ 处的梯度，若 $\left\| g(\boldsymbol{x}^{k+1}) \right\| = 0$，则停止迭代；否则，利用 $-g(\boldsymbol{x}^{k+1})$ 和 $\boldsymbol{d}^k$ 构建搜索方向 $\boldsymbol{d}^{k+1}$，并使 $\boldsymbol{d}^{k+1}$ 和 $\boldsymbol{d}^k$ 关于 $\boldsymbol{A}$ 共轭。$\boldsymbol{d}^{k+1}$ 为

$$\boldsymbol{d}^{k+1} = -\boldsymbol{g}_{k+1} + \beta_k \boldsymbol{d}^k \tag{7.91}$$

由于 $\boldsymbol{d}^{k+1}$ 和 $\boldsymbol{d}^k$ 关于 $\boldsymbol{A}$ 共轭，即 $\boldsymbol{d}^{k\mathrm{T}} \boldsymbol{A} \boldsymbol{d}^{k+1} = 0$，因此对式（7.91）两端左乘 $\boldsymbol{d}^{k\mathrm{T}} \boldsymbol{A}$，有

$$\boldsymbol{d}^{k\mathrm{T}} \boldsymbol{A} \boldsymbol{d}^{k+1} = -\boldsymbol{d}^{k\mathrm{T}} \boldsymbol{A} \boldsymbol{g}_{k+1} + \beta_k \boldsymbol{d}^{k\mathrm{T}} \boldsymbol{A} \boldsymbol{d}^k = 0 \tag{7.92}$$

因此，有

$$\beta_k = \frac{\boldsymbol{d}^{k\mathrm{T}} \boldsymbol{A} \boldsymbol{g}_{k+1}}{\boldsymbol{d}^{k\mathrm{T}} \boldsymbol{A} \boldsymbol{d}^k} \tag{7.93}$$

此时，从 $\boldsymbol{x}^{k+1}$ 出发，沿着 $\boldsymbol{d}^{k+1}$ 方向进行一维搜索。

综上所述，FR 法在第一次迭代中，搜索方向采用最速下降方向，之后的迭代方向重复使用式（7.90）、式（7.91）和式（7.93），结合新的迭代点构建一组搜索方向，且该组搜索方向是关于 $\boldsymbol{A}$ 共轭的，具有二次终止性，在有限次迭代下，可以得到目标函数的极小点。

定理 7.4　对于正定二次函数，采用精确一维搜索的 FR 法，在有限次（$\boldsymbol{m}$）一维迭代后终止，且对于所有 i（$1 \leqslant i \leqslant m$），以下式子均成立。

（1）$\boldsymbol{d}^{i\mathrm{T}} \boldsymbol{A} \boldsymbol{d}^j = 0$（$j = 1, 2, \cdots, i-1$）。

（2）$\boldsymbol{g}_i^{\mathrm{T}} \boldsymbol{g}_j = 0$（$j = 1, 2, \cdots, i-1$）。

（3）$\boldsymbol{g}_i^{\mathrm{T}} \boldsymbol{d}^i = -\boldsymbol{g}_i^{\mathrm{T}} \boldsymbol{g}_i$（$\boldsymbol{d}^i \neq 0$）。

具体证明参考文献[11]。

特别地，FR 法的初始搜索方向必须采用最速下降方向，如果不采用最速下降方向，那么采用共轭方向构建的一组搜索方向并不能保证共轭性。

定理 7.5　对于正定二次函数，FR 法中的因子 β_k 可采用下列表达式来计算：

$$\beta_k = \frac{\left\| \boldsymbol{g}_{k+1} \right\|^2}{\left\| \boldsymbol{g}_k \right\|^2}, \quad \boldsymbol{g}_k \neq 0 \tag{7.94}$$

证明：根据式（7.93），β_k 的计算公式为

$$\beta_k = \frac{\boldsymbol{d}^{k\mathrm{T}}\boldsymbol{A}\boldsymbol{g}_{k+1}}{\boldsymbol{d}^{k\mathrm{T}}\boldsymbol{A}\boldsymbol{d}^k} = \frac{\boldsymbol{g}_{k+1}^{\mathrm{T}}\boldsymbol{A}(\boldsymbol{x}^{k+1}-\boldsymbol{x}^k)/\lambda_k}{\boldsymbol{d}^{k\mathrm{T}}\boldsymbol{A}(\boldsymbol{x}^{k+1}-\boldsymbol{x}^k)/\lambda_k} = \frac{\boldsymbol{g}_{k+1}^{\mathrm{T}}(\boldsymbol{g}_{k+1}-\boldsymbol{g}_k)}{\boldsymbol{d}^{k\mathrm{T}}(\boldsymbol{g}_{k+1}-\boldsymbol{g}_k)} \tag{7.95}$$

根据定理 7.4 得

$$\beta_k = \frac{\boldsymbol{g}_{k+1}^{\mathrm{T}}(\boldsymbol{g}_{k+1}-\boldsymbol{g}_k)}{\boldsymbol{d}^{k\mathrm{T}}(\boldsymbol{g}_{k+1}-\boldsymbol{g}_k)} = \frac{\|\boldsymbol{g}_{k+1}\|^2}{-\boldsymbol{d}^{i\mathrm{T}}\boldsymbol{g}_i} = \frac{\|\boldsymbol{g}_{k+1}\|^2}{\|\boldsymbol{g}_k\|^2} \tag{7.96}$$

因此，对于二次凸函数，FR 法的计算步骤如下。

步骤 1：给定初始点 $\boldsymbol{x}^1$，$k=1$。

步骤 2：计算目标函数的梯度 $\boldsymbol{g}_k = \nabla f(\boldsymbol{x}^k)$，若 $\|\boldsymbol{g}_k\|=0$，则停止计算，得到极小点 $\bar{\boldsymbol{x}}=\boldsymbol{x}^k$，否则，进入步骤 3。

步骤 3：构建共轭搜索方向，即 $\boldsymbol{d}^{k+1}=-\boldsymbol{g}_{k+1}+\beta_k\boldsymbol{d}^k$。若 $k=1$，则 $\beta_k=0$，当 $k>1$ 时，按照式（7.96）计算因子 β_k，即 $\beta_k=\dfrac{\|\boldsymbol{g}_{k+1}\|^2}{\|\boldsymbol{g}_k\|^2}$。

步骤 4：结合构建的搜索方向 $\boldsymbol{d}^{k+1}$ 和迭代点 $\boldsymbol{x}^k$ 进行一维搜索，即 $\boldsymbol{x}^{k+1}=\boldsymbol{x}^k+\lambda_k\boldsymbol{d}^k$，并结合式（7.90）计算最优步长因子 λ_k，即 $\lambda_k=-\dfrac{\boldsymbol{g}_k^{\mathrm{T}}\boldsymbol{d}^k}{\boldsymbol{d}^{k\mathrm{T}}\boldsymbol{A}\boldsymbol{d}^k}$。

步骤 5：若 $k=n$，n 为最大迭代次数，则 $\bar{\boldsymbol{x}}=\boldsymbol{x}^{k+1}$，否则，令 $k=k+1$，返回步骤 2。

例 7.5 利用 FR 法求解下列目标函数：

$$f(\boldsymbol{x})=(x_1+1)^2+2x_2^2+1 \tag{7.97}$$

取初始点为 $\boldsymbol{x}^1=[1,1]^{\mathrm{T}}$。

解：目标函数的梯度为

$$\nabla f(\boldsymbol{x})=\begin{bmatrix}2(x_1+1)\\4x_2\end{bmatrix} \tag{7.98}$$

第一次迭代的搜索方向为

$$\boldsymbol{d}^1=-\nabla f(\boldsymbol{x}^1)=-g(\boldsymbol{x}^1)=\begin{bmatrix}-4\\-4\end{bmatrix} \tag{7.99}$$

从 $\boldsymbol{x}^1$ 出发，沿着 $\boldsymbol{d}^1$ 方向进行一维搜索，得

$$\lambda_1=-\frac{\boldsymbol{g}_1^{\mathrm{T}}\boldsymbol{d}^1}{\boldsymbol{d}^{1\mathrm{T}}\boldsymbol{A}\boldsymbol{d}^1}=-\frac{\begin{bmatrix}4 & 4\end{bmatrix}\begin{bmatrix}-4\\-4\end{bmatrix}}{\begin{bmatrix}-4 & -4\end{bmatrix}\begin{bmatrix}2 & 0\\0 & 4\end{bmatrix}\begin{bmatrix}-4\\-4\end{bmatrix}}=\frac{1}{3} \tag{7.100}$$

$$\boldsymbol{x}^2=\boldsymbol{x}^1+\lambda_1\boldsymbol{d}^1=\begin{bmatrix}1\\1\end{bmatrix}+\frac{1}{3}\cdot\begin{bmatrix}-4\\-4\end{bmatrix}=\begin{bmatrix}-\frac{1}{3}\\-\frac{1}{3}\end{bmatrix} \tag{7.101}$$

第二次迭代，在 $\boldsymbol{x}^2$ 处，目标函数的梯度为

$$\boldsymbol{g}(\boldsymbol{x}^2)=\begin{bmatrix}\dfrac{4}{3}\\ -\dfrac{4}{3}\end{bmatrix} \tag{7.102}$$

构造共轭搜索方向 $\boldsymbol{d}^2$，计算因子 β_1，即

$$\beta_1=\frac{\|\boldsymbol{g}_2\|^2}{\|\boldsymbol{g}_1\|^2}=\frac{\left(\dfrac{4}{3}\right)^2+\left(\dfrac{4}{3}\right)^2}{4^2+4^2}=\frac{1}{9} \tag{7.103}$$

$$\boldsymbol{d}^2=-\boldsymbol{g}_2+\beta_1\boldsymbol{d}^1=-\begin{bmatrix}\dfrac{4}{3}\\ -\dfrac{4}{3}\end{bmatrix}+\frac{1}{9}\begin{bmatrix}-4\\ -4\end{bmatrix}=\begin{bmatrix}-\dfrac{16}{9}\\ \dfrac{8}{9}\end{bmatrix} \tag{7.104}$$

从 $\boldsymbol{x}^2$ 出发，沿着 $\boldsymbol{d}^2$ 方向进行一维搜索，得

$$\lambda_2=-\frac{\boldsymbol{g}_2^{\mathrm{T}}\boldsymbol{d}^2}{\boldsymbol{d}^{2\mathrm{T}}\boldsymbol{A}\boldsymbol{d}^2}=-\frac{\begin{bmatrix}\dfrac{4}{3} & -\dfrac{4}{3}\end{bmatrix}\begin{bmatrix}-\dfrac{16}{9}\\ \dfrac{8}{9}\end{bmatrix}}{\begin{bmatrix}-\dfrac{16}{9} & \dfrac{8}{9}\end{bmatrix}\begin{bmatrix}2 & 0\\ 0 & 4\end{bmatrix}\begin{bmatrix}-\dfrac{16}{9}\\ \dfrac{8}{9}\end{bmatrix}}=\frac{3}{8} \tag{7.105}$$

$$\boldsymbol{x}^3=\boldsymbol{x}^2+\lambda_2\boldsymbol{d}^2=\begin{bmatrix}-\dfrac{1}{3}\\ -\dfrac{1}{3}\end{bmatrix}+\frac{3}{8}\begin{bmatrix}-\dfrac{16}{9}\\ \dfrac{8}{9}\end{bmatrix}=\begin{bmatrix}-1\\ 0\end{bmatrix} \tag{7.106}$$

第三次迭代，在 $\boldsymbol{x}^3$ 处，目标函数的梯度为

$$g(\boldsymbol{x}^3)=\begin{bmatrix}0\\ 0\end{bmatrix} \tag{7.107}$$

因此，FR 法通过两次迭代得到了目标函数的极小点 $\bar{\boldsymbol{x}}=\begin{bmatrix}-1\\ 0\end{bmatrix}$，也证明了 FR 法的二次终止性。

7.3.3　用于一般函数的共轭梯度法

针对最小化任意目标函数 $f(\boldsymbol{x})$，与二次凸函数有以下区别。

（1）最优化步长因子 λ_k 可采用一维搜索方法进行计算，即

$$\lambda_k=\min_{\lambda}\varphi(\lambda)=\min_{\lambda}f(\boldsymbol{x}^k+\lambda\boldsymbol{d}^k) \tag{7.108}$$

（2）对于正定矩阵 $\boldsymbol{A}$，需要采用第 k 次迭代点 $\boldsymbol{x}^k$ 上的 Hessian 矩阵 $\nabla^2 f(\boldsymbol{x}^k)$ 来代替 $\boldsymbol{A}$ 进行共轭方向构造。

针对任意目标函数 $f(\boldsymbol{x})$，FR 法难以在有限次迭代中完成迭代，因此，往往采用以下两种策略进行计算。

（1）一直采用式（7.91）构造搜索方向迭代下去，直至满足收敛条件。

（2）以每 n 次迭代为一组，每组采用最速下降法进行优化迭代，直至满足收敛条件。

下面针对策略（2），给出一般函数的 FR 法的计算步骤。

步骤 1：给定初始点 $\boldsymbol{x}^1$，允许误差 $\varepsilon>0$，$k=1$，即

$$\boldsymbol{y}^1=\boldsymbol{x}^1,\quad \boldsymbol{d}^1=-\nabla f(\boldsymbol{x}^1),\quad j=k=1 \tag{7.109}$$

步骤 2：针对第 j 次迭代，若 $\left\|\nabla f(\boldsymbol{y}^j)\right\|<\varepsilon$，则停止计算；否则，让迭代点 $\boldsymbol{y}^j$ 沿着 $\boldsymbol{d}^j$ 方向进行一维搜索，求得最优步长因子 λ_k 为

$$f(\boldsymbol{y}^j+\lambda_j\boldsymbol{d}^j)=\min_{\lambda} f(\boldsymbol{y}^j+\lambda\boldsymbol{d}^j) \tag{7.110}$$

$$\boldsymbol{y}^{j+1}=\boldsymbol{y}^j+\lambda_j\boldsymbol{d}^j \tag{7.111}$$

步骤 3：若 $j<n$，则计算因子 β_j，即

$$\beta_j=\frac{\left\|\nabla f(\boldsymbol{y}^{j+1})\right\|^2}{\left\|\nabla f(\boldsymbol{y}^j)\right\|^2} \tag{7.112}$$

求得共轭搜索方向为

$$\boldsymbol{d}^{j+1}=-\nabla f(\boldsymbol{y}^j)+\beta_j\boldsymbol{d}^j \tag{7.113}$$

令 $j=j+1$，返回步骤 2。

步骤 4：若 $j\geqslant n$，则令 $\boldsymbol{x}^{k+1}=\boldsymbol{y}^{n+1}$，$k=k+1$，$\boldsymbol{d}^1=-\nabla f(\boldsymbol{x}^{k+1})$，$j=1$，$k=k+1$，返回步骤 2。

在共轭梯度法中，还可以采用以下方法计算因子 β_k：

$$\beta_k=\frac{\boldsymbol{g}_{k+1}^{\mathrm{T}}(\boldsymbol{g}_{k+1}-\boldsymbol{g}_k)}{\boldsymbol{g}_k^{\mathrm{T}}\boldsymbol{g}_k} \tag{7.114}$$

$$\beta_k=\frac{\boldsymbol{g}_{k+1}^{\mathrm{T}}(\boldsymbol{g}_{k+1}-\boldsymbol{g}_k)}{\boldsymbol{d}_k^{\mathrm{T}}(\boldsymbol{g}_{k+1}-\boldsymbol{g}_k)} \tag{7.115}$$

$$\beta_k=\frac{\boldsymbol{d}_k^{\mathrm{T}}\nabla^2 f(\boldsymbol{x}^{k+1})\boldsymbol{g}_{k+1}}{\boldsymbol{d}_k^{\mathrm{T}}\nabla^2 f(\boldsymbol{x}^{k+1})\boldsymbol{d}^k} \tag{7.116}$$

式（7.114）是由 Polak Pibiere 和 Polyak 提出的，该方法称为 PRP 共轭梯度法；式（7.115）是由 Sorenson 和 Wolfe 提出的；式（7.116）是由 Daniel 提出的。当极小化正定二次函数时，上述几种方法是等价的。针对一般目标函数，由这几种方法得到的搜索方向不同，但差异并不大。

7.3.4　PRP 共轭梯度法的收敛性

本节证明针对一般目标函数的 PRP 共轭梯度法（简称 PRP 法）的收敛性，以及不重新开始的 PRP 法在一定条件下的收敛性。

首先证明 PRP 法是严格下降算法。

定理 7.6　设 $f(\boldsymbol{x})$ 是 $\mathbb{R}$ 上的连续可微实函数，由 PRP 法产生序列 $\{\boldsymbol{x}^k\}$，且目标函数在 $\boldsymbol{x}^k$ 处的梯度为 $\boldsymbol{g}_k=\nabla f(\boldsymbol{x}^k)\neq 0$，则有

$$f(\boldsymbol{x}^{k+1})<f(\boldsymbol{x}^k) \tag{7.117}$$

证明：根据 PRP 法的定义，构建共轭搜索方向，即

$$\boldsymbol{d}^{k+1}=-\boldsymbol{g}_{k+1}+\beta_k\boldsymbol{d}^k \tag{7.118}$$

上式两端左乘 $\boldsymbol{g}_{k+1}^{\mathrm{T}}$，得

$$\boldsymbol{g}_{k+1}^{\mathrm{T}}\boldsymbol{d}^{k+1}=-\boldsymbol{g}_{k+1}^{\mathrm{T}}\boldsymbol{g}_{k+1}+\beta_k\boldsymbol{g}_{k+1}^{\mathrm{T}}\boldsymbol{d}^k \tag{7.119}$$

根据一维搜索的定义，得

$$\boldsymbol{g}_{k+1}^{\mathrm{T}}\boldsymbol{d}^k=0 \tag{7.120}$$

因此，由式（7.119）可得

$$\boldsymbol{g}_{k+1}^{\mathrm{T}}\boldsymbol{d}^{k+1}=-\boldsymbol{g}_{k+1}^{\mathrm{T}}\boldsymbol{g}_{k+1}+\beta_k\boldsymbol{g}_{k+1}^{\mathrm{T}}\boldsymbol{d}^k=-\boldsymbol{g}_{k+1}^{\mathrm{T}}\boldsymbol{g}_{k+1} \tag{7.121}$$

因此，$\boldsymbol{d}^k$ 在 $\boldsymbol{x}^k$ 处是下降方向。

根据一维搜索的定义，得

$$\boldsymbol{x}^{k+1}=\boldsymbol{x}^k+\lambda_k\boldsymbol{d}^k \tag{7.122}$$

$$f(\boldsymbol{x}^{k+1})=\min_{\lambda} f(\boldsymbol{x}^k+\lambda\boldsymbol{d}^k) \tag{7.123}$$

因此，必有

$$f(\boldsymbol{x}^{k+1})<f(\boldsymbol{x}^k) \tag{7.124}$$

为证明 PRP 法的收敛性，需要证明以下定理。

定理 7.7　设 $f(\boldsymbol{x})$ 是 $\mathbb{R}$ 上的连续可微实函数，对于任意点 $\hat{\boldsymbol{x}}\in\mathbb{R}^n$，存在正数 m 和 M，使得当

$$\boldsymbol{x}\in\boldsymbol{C}=\{\boldsymbol{x}\mid f(\boldsymbol{x})\leqslant f(\hat{\boldsymbol{x}})\} \tag{7.125}$$

和 $\boldsymbol{y}\in\mathbb{R}^n$ 时，有

$$m\|\boldsymbol{y}\|^2\leqslant \boldsymbol{y}^{\mathrm{T}}\nabla^2 f(\boldsymbol{x})\boldsymbol{y}\leqslant M\|\boldsymbol{y}\|^2 \tag{7.126}$$

初始点 $\boldsymbol{x}^1$、$\boldsymbol{x}^k$、$\boldsymbol{d}^k$ 和因子 β_k 均由 PRP 法得到，有

$$\|\boldsymbol{g}_k\|\leqslant\|\boldsymbol{d}^k\|\leqslant\frac{m+M}{m}\|\boldsymbol{g}_k\| \tag{7.127}$$

其中，$\boldsymbol{g}_k=\nabla f(\boldsymbol{x})$。

证明：在 PRP 法中，计算因子 β_k，得

$$\beta_{k-1}=\frac{(\boldsymbol{g}_k-\boldsymbol{g}_{k-1})^{\mathrm{T}}\boldsymbol{g}_k}{\boldsymbol{g}_{k-1}^{\mathrm{T}}\boldsymbol{g}_{k-1}},\quad k>1 \tag{7.128}$$

根据一维搜索的定义，得

$$\boldsymbol{g}_k^{\mathrm{T}}\boldsymbol{d}^{k-1}=0,\quad \boldsymbol{g}_{k-1}^{\mathrm{T}}\boldsymbol{g}_{k-1}=-\boldsymbol{g}_{k-1}^{\mathrm{T}}\boldsymbol{d}^{k-1},\quad k>1 \tag{7.129}$$

将式（7.129）代入式（7.128）得

$$\beta_{k-1}=\frac{(\boldsymbol{g}_k-\boldsymbol{g}_{k-1})^{\mathrm{T}}\boldsymbol{g}_k}{(\boldsymbol{g}_k-\boldsymbol{g}_{k-1})^{\mathrm{T}}\boldsymbol{d}^{k-1}},\quad k>1 \tag{7.130}$$

把 $\boldsymbol{g}_k$ 在 $\boldsymbol{x}^{k-1}$ 处展开得

$$\boldsymbol{g}_k=\boldsymbol{g}_{k-1}+\lambda_{k-1}\int_0^1\nabla^2 f(\boldsymbol{x}^{k-1}+t\lambda_{k-1}\boldsymbol{d}^{k-1})\boldsymbol{d}^{k-1}\mathrm{d}t \tag{7.131}$$

因此，有

$$\boldsymbol{g}_k-\boldsymbol{g}_{k-1}=\lambda_{k-1}\int_0^1\nabla^2 f(\boldsymbol{x}^{k-1}+t\lambda_{k-1}\boldsymbol{d}^{k-1})\boldsymbol{d}^{k-1}\mathrm{d}t \tag{7.132}$$

根据式（7.132）和式（7.126）得

$$\begin{aligned}\left|(\boldsymbol{g}_k-\boldsymbol{g}_{k-1})^{\mathrm{T}}\boldsymbol{g}_k\right|&=\left|\lambda_{k-1}\int_0^1\boldsymbol{d}^{(k-1)\mathrm{T}}\nabla^2 f(\boldsymbol{x}^{k-1}+t\lambda_{k-1}\boldsymbol{d}^{k-1})\boldsymbol{g}_k\mathrm{d}t\right|\\&\leqslant\lambda_{k-1}\int_0^1\left\|\boldsymbol{d}^{(k-1)}\right\|\left\|\nabla^2 f(\boldsymbol{x}^{k-1}+t\lambda_{k-1}\boldsymbol{d}^{k-1})\boldsymbol{g}_k\right\|\mathrm{d}t\\&=\lambda_{k-1}\int_0^1\left\|\boldsymbol{d}^{(k-1)}\right\|\left\|\boldsymbol{g}_k^{(-1)\mathrm{T}}\boldsymbol{g}_k^{\mathrm{T}}\nabla^2 f(\boldsymbol{x}^{k-1}+t\lambda_{k-1}\boldsymbol{d}^{k-1})\boldsymbol{g}_k\right\|\mathrm{d}t\\&\leqslant\lambda_{k-1}\left\|\boldsymbol{d}^{(k-1)}\right\|\boldsymbol{g}_k^{(-1)}M\left\|\boldsymbol{g}_k\right\|^2\\&=\lambda_{k-1}\left\|\boldsymbol{d}^{(k-1)}\right\|M\left\|\boldsymbol{g}_k\right\|\end{aligned} \tag{7.133}$$

$$\begin{aligned}\left|(\boldsymbol{g}_k-\boldsymbol{g}_{k-1})^{\mathrm{T}}\boldsymbol{d}^{k-1}\right|&=\left|\lambda_{k-1}\int_0^1\boldsymbol{d}^{(k-1)\mathrm{T}}\nabla^2 f(\boldsymbol{x}^{k-1}+t\lambda_{k-1}\boldsymbol{d}^{k-1})\boldsymbol{d}^{k-1}\mathrm{d}t\right|\\&\geqslant\lambda_{k-1}m\left\|\boldsymbol{d}^{k-1}\right\|^2\end{aligned} \tag{7.134}$$

由式（7.130）、式（7.133）和式（7.134）可得

$$\left|\beta_{k-1}\right|\leqslant\frac{M}{m}\frac{\left\|\boldsymbol{g}_k\right\|}{\left\|\boldsymbol{d}^{k-1}\right\|} \tag{7.135}$$

根据 PRP 法，得到搜索方向为

$$\boldsymbol{d}^k=-\boldsymbol{g}_k+\beta_{k-1}\boldsymbol{d}^{k-1} \tag{7.136}$$

利用三角不等式，得

$$\left\|\boldsymbol{d}^k\right\|\leqslant\left\|\boldsymbol{g}_k\right\|+\left\|\beta_{k-1}\boldsymbol{d}^{k-1}\right\|$$

$$\leqslant \|\boldsymbol{g}_k\| + \frac{M}{m}\frac{\|\boldsymbol{g}_k\|}{\|\boldsymbol{d}^{k-1}\|}\|\boldsymbol{d}^{k-1}\| = \left(1+\frac{M}{m}\right)\|\boldsymbol{g}_k\| \tag{7.137}$$

同时，有

$$\|\boldsymbol{d}^k\|^2 = \|-\boldsymbol{g}_k + \beta_{k-1}\boldsymbol{d}^{k-1}\|^2 = \|\boldsymbol{g}_k\|^2 + \beta_{k-1}^2\|\boldsymbol{d}^{k-1}\|^2 \geqslant \|\boldsymbol{g}_k\|^2 \tag{7.138}$$

因此，有

$$\|\boldsymbol{d}^k\| \geqslant \|\boldsymbol{g}_k\| \tag{7.139}$$

因此，由式（7.137）和式（7.139）可证明定理 7.7 成立

下面证明 PRP 法的收敛性定理。

定理 7.8　设 $f(\boldsymbol{x})$ 是 $\mathbb{R}$ 上的连续可微实函数，且式（7.126）成立，任取初始点 $\boldsymbol{x}^1 \in \mathbb{R}^n$，水平集

$$\boldsymbol{x} \in \boldsymbol{S} = \{\boldsymbol{x} \mid f(\boldsymbol{x}) \leqslant f(\boldsymbol{x}^1)\} \tag{7.140}$$

为紧集，则 PRP 法是严格下降算法，且当 $\boldsymbol{g}_k = \nabla f(\boldsymbol{x}^k) \neq 0$ 时，必有

$$f(\boldsymbol{x}^{k+1}) < f(\boldsymbol{x}^k) \tag{7.141}$$

并且算法产生的序列收敛于目标函数在 $\mathbb{R}$ 上的唯一极小点。

证明：定理 7.7 已经证明了 PRP 法是严格下降算法，现在只需证明 PRP 法产生的序列收敛于目标函数在 $\mathbb{R}$ 上的唯一极小点。

由式（7.134）可得

$$(\boldsymbol{g}_k - \boldsymbol{g}_{k-1})^{\mathrm{T}}\boldsymbol{d}^{k-1} = \lambda_{k-1}\int_0^1 \boldsymbol{d}^{(k-1)\mathrm{T}}\nabla^2 f(\boldsymbol{x}^{k-1} + t\lambda_{k-1}\boldsymbol{d}^{k-1})\boldsymbol{d}^{k-1}\mathrm{d}t \tag{7.142}$$

故

$$\lambda_{k-1} = \frac{(\boldsymbol{g}_k - \boldsymbol{g}_{k-1})^{\mathrm{T}}\boldsymbol{d}^{k-1}}{\int_0^1 \boldsymbol{d}^{(k-1)\mathrm{T}}\nabla^2 f(\boldsymbol{x}^{k-1} + t\lambda_{k-1}\boldsymbol{d}^{k-1})\boldsymbol{d}^{k-1}\mathrm{d}t} \tag{7.143}$$

根据 PRP 法，构建共轭搜索方向 $\boldsymbol{d}^{k-1} = -\boldsymbol{g}_{k-1} + \beta_{k-2}\boldsymbol{d}^{k-2}$，有

$$(\boldsymbol{g}_k - \boldsymbol{g}_{k-1})^{\mathrm{T}}\boldsymbol{d}^{k-1} = -\boldsymbol{g}_{k-1}^{\mathrm{T}}\boldsymbol{d}^{k-1} = -\boldsymbol{g}_{k-1}^{\mathrm{T}}(-\boldsymbol{g}_{k-1} + \beta_{k-2}\boldsymbol{d}^{k-2}) = \|\boldsymbol{g}_{k-1}\|^2 \tag{7.144}$$

且

$$\int_0^1 \boldsymbol{d}^{(k-1)\mathrm{T}}\nabla^2 f(\boldsymbol{x}^{k-1} + t\lambda_{k-1}\boldsymbol{d}^{k-1})\boldsymbol{d}^{k-1}\mathrm{d}t \leqslant M\|\boldsymbol{d}^{k-1}\|^2 \tag{7.145}$$

因此，根据式（7.127）可得

$$\lambda_{k-1} \geqslant \frac{\|\boldsymbol{g}_{k-1}\|^2}{M\|\boldsymbol{d}^{k-1}\|^2} \geqslant \frac{\|\boldsymbol{g}_{k-1}\|^2}{M\left(1+\frac{M}{m}\|\boldsymbol{g}_{k-1}\|\right)^2} = \frac{m^2}{M(M+m)^2} \tag{7.146}$$

根据泰勒定理，对于 $\hat{\lambda}_{k-1}\in[0,\lambda_k]$，有

$$f(\boldsymbol{x}^{k-1}+\hat{\lambda}_{k-1}\boldsymbol{d}^{k-1})=f(\boldsymbol{x}^{k-1})+\hat{\lambda}_{k-1}\boldsymbol{g}_{k-1}^{\mathrm{T}}\boldsymbol{d}^{k-1}+\frac{1}{2}\hat{\lambda}_{k-1}^2\boldsymbol{d}^{(k-1)\mathrm{T}}\nabla^2 f(\hat{\xi}^{k-1})\boldsymbol{d}^{k-1} \tag{7.147}$$

其中，$\hat{\xi}^{k-1}$ 是 $\boldsymbol{x}^{k-1}$ 与 $\boldsymbol{x}^k$ 连线上的某点。

根据定理 7.4 和定理 7.8 可得

$$\frac{1}{2}\hat{\lambda}_{k-1}^2\boldsymbol{d}^{(k-1)\mathrm{T}}\nabla^2 f(\hat{\xi}^{k-1})\boldsymbol{d}^{k-1}\leqslant\frac{1}{2}\hat{\lambda}_{k-1}^2 M\left\|\boldsymbol{d}^{k-1}\right\|^2 \tag{7.148}$$

$$\hat{\lambda}_{k-1}\boldsymbol{g}_{k-1}^{\mathrm{T}}\boldsymbol{d}^{k-1}=-\hat{\lambda}_{k-1}\left\|\boldsymbol{g}_k\right\|^2 \tag{7.149}$$

因此，式（7.147）变为

$$f(\boldsymbol{x}^{k-1}+\hat{\lambda}_{k-1}\boldsymbol{d}^{k-1})\leqslant f(\boldsymbol{x}^{k-1})-\hat{\lambda}_{k-1}\left\|\boldsymbol{g}_{k-1}\right\|^2+\frac{1}{2}\hat{\lambda}_{k-1}^2 M\left\|\boldsymbol{d}^{k-1}\right\|^2 \tag{7.150}$$

将式（7.137）代入上式得

$$f(\boldsymbol{x}^{k-1}+\hat{\lambda}_{k-1}\boldsymbol{d}^{k-1})\leqslant f(\boldsymbol{x}^{k-1})-\hat{\lambda}_{k-1}\left\|\boldsymbol{g}_k\right\|^2+\frac{1}{2}\hat{\lambda}_{k-1}^2\frac{M(M+m)^2}{m^2}\left\|\boldsymbol{g}_k\right\|^2 \tag{7.151}$$

令 $\lambda_{k-1}=\dfrac{m^2}{M(M+m)^2}$，有

$$f(\boldsymbol{x}^k)=f(\boldsymbol{x}^{k-1}+\lambda_{k-1}\boldsymbol{d}^{k-1})=\min_{\lambda} f(\boldsymbol{x}^{k-1}+\lambda\boldsymbol{d}^{k-1}) \tag{7.152}$$

因此，有

$$\begin{aligned}f(\boldsymbol{x}^k)&\leqslant f(\boldsymbol{x}^{k-1})-\frac{m^2}{M(M+m)^2}\left\|\boldsymbol{g}_k\right\|^2+\frac{1}{2}\left(\frac{m^2}{M(M+m)^2}\right)^2\frac{M(M+m)^2}{m^2}\left\|\boldsymbol{g}_{k-1}\right\|^2\\&=f(\boldsymbol{x}^{k-1})-\frac{m^2}{2M(M+m)^2}\left\|\boldsymbol{g}_k\right\|^2\end{aligned} \tag{7.153}$$

$$\left\|\boldsymbol{g}_k\right\|^2\leqslant\frac{2M(M+m)^2}{m^2}(f(\boldsymbol{x}^{k-1})-f(\boldsymbol{x}^k)) \tag{7.154}$$

由于 S 为紧集，$\{\boldsymbol{x}^k\}$ 收敛于 S 中的一点 $\overline{\boldsymbol{x}}$，且 $f(\boldsymbol{x})$ 连续，存在下界，因此由式（7.154）可得

$$\lim_{x\to\infty}\left\|\nabla f(\boldsymbol{x}^k)\right\|=\left\|\nabla f(\overline{\boldsymbol{x}})\right\|=0 \tag{7.155}$$

由于 $f(\boldsymbol{x})$ 是严格凸函数，因此由定理 7.8 可知，$\overline{\boldsymbol{x}}$ 是 $f(\boldsymbol{x})$ 在 $\mathbb{R}$ 上的唯一极小点。共轭梯度法的收敛速度不慢于最速下降法，当共轭梯度法的初始方向不是标准的最速下降方向时，共轭梯度法的收敛速度像线性速度一样慢。共轭梯度法的优点是存储量小，只需存储 3 个 n 维向量。因此，在求解大规模问题时，采用共轭梯度法比较合适。

习　题

1．求下列函数在各点处的最速下降方向。

（1）$f(\boldsymbol{x})=x_1^2+x_2^2+3$，$\boldsymbol{x}^1=[1,1]^{\mathrm{T}}$，$\boldsymbol{x}^2=[0.5,1]^{\mathrm{T}}$。

（2）$f(\boldsymbol{x})=\mathrm{e}^{x_1}+2x_2^3+3$，$\boldsymbol{x}^1=[0,-1]^{\mathrm{T}}$，$\boldsymbol{x}^2=[2,-1]^{\mathrm{T}}$。

（3）$f(\boldsymbol{x})=x_1^2+2x_2^3+2(x_1+x_2)x_1+3$，$\boldsymbol{x}^1=[2,1]^{\mathrm{T}}$，$\boldsymbol{x}^2=[1,-1]^{\mathrm{T}}$。

（4）$f(\boldsymbol{x})=2^{x_1}+2x_2^2+x_1x_2+1$，$\boldsymbol{x}^1=[0.2,0.1]^{\mathrm{T}}$，$\boldsymbol{x}^2=[0.5,-0.1]^{\mathrm{T}}$。

2．求函数

$$f(\boldsymbol{x})=(x_1+1)^2+x_1x_2^2+3$$

在 $\boldsymbol{x}^1=[-1,1]^{\mathrm{T}}$ 处的牛顿方向，并求其最优解。

3．利用最速下降法求解函数

$$f(\boldsymbol{x})=x_1^3+x_2^2+x_1+1$$

在初始点为 $\boldsymbol{x}^1=[0,1]^{\mathrm{T}}$、迭代次数为 4 时的最优解。

4．证明下列向量 $\boldsymbol{x}^1$ 和 $\boldsymbol{x}^2$ 关于矩阵 $\boldsymbol{A}$ 共轭：

$$\boldsymbol{x}^1=[0,1]^{\mathrm{T}}，\quad \boldsymbol{x}^2=[2,-5]^{\mathrm{T}}，\quad \boldsymbol{A}=\begin{bmatrix}1 & 3\\ 5 & 2\end{bmatrix}$$

5．给出下列矩阵的一组共轭方向：

$$\boldsymbol{A}=\begin{bmatrix}-1 & 2\\ 1 & 5\end{bmatrix}，\quad \boldsymbol{B}=\begin{bmatrix}2 & 3\\ 8 & 1\end{bmatrix}，\quad \boldsymbol{C}=\begin{bmatrix}-3 & 5\\ 4 & -2\end{bmatrix}$$

6．利用共轭梯度法求解下列问题。

（1）$f(\boldsymbol{x})=2x_1^2+(x_2+1)^2+3$，初始点为 $\boldsymbol{x}^1=[3,1]^{\mathrm{T}}$。

（2）$f(\boldsymbol{x})=x_1^2+(x_1x_2)^2+2$，初始点为 $\boldsymbol{x}^1=[-1,1]^{\mathrm{T}}$。

（3）$f(\boldsymbol{x})=(x_1+1)^2+(x_2-2)^2+1$，初始点为 $\boldsymbol{x}^1=[-4,2]^{\mathrm{T}}$。

（4）$k=k+1$，初始点为 $\boldsymbol{x}^1=[-1,2]^{\mathrm{T}}$。

7．证明定理 7.4。

第 8 章　惩罚函数法

8.1　外点惩罚函数法

8.1.1　外点惩罚函数的基本思想

本节主要研究以下约束问题：

$$\begin{aligned} \min \quad & f(\boldsymbol{x}) \\ \text{s.t.} \quad & g_i(\boldsymbol{x}) \geqslant 0, \quad i=1,2,\cdots,m \\ & h_j(\boldsymbol{x}) = 0, \quad j=1,2,\cdots,n \end{aligned} \tag{8.1}$$

其中，$f(\boldsymbol{x})$ 是目标函数；$g_i(\boldsymbol{x})$ 是不等式约束条件；$h_i(\boldsymbol{x})$ 是等式约束条件。$f(\boldsymbol{x})$、$g_i(\boldsymbol{x})$ 和 $h_i(\boldsymbol{x})$ 均是 $\mathbb{R}$ 上的连续函数。本节主要研究上述约束问题的求解方法。

要求解式（8.1），主要是将目标函数和约束条件组成辅助函数，通过优化辅助函数无约束问题来优化上述约束问题。

1．等式约束问题

针对等式约束问题

$$\begin{aligned} \min \quad & f(\boldsymbol{x}) \\ \text{s.t.} \quad & h_j(\boldsymbol{x}) = 0, \quad j=1,2,\cdots,n \end{aligned} \tag{8.2}$$

构建的辅助函数为

$$\min F(\boldsymbol{x},\delta) = f(\boldsymbol{x}) + \delta \sum_{j=1}^{n} h_j^2(\boldsymbol{x}) \tag{8.3}$$

其中，δ 是正常数。这样，式（8.2）中的目标函数优化问题转化为式（8.3）的辅助函数优化问题。如果式（8.3）的最优解不满足等式约束条件 $h_j(\boldsymbol{x})=0$，即 $h_j(\boldsymbol{x}) \neq 0$，则式（8.3）的第二项会很大，必不满足极小点的条件。因此，最优化式（8.3）可以得到式（8.2）的最优解。

2．不等式约束问题

针对不等式约束问题

$$\begin{aligned} \min \quad & f(\boldsymbol{x}) \\ \text{s.t.} \quad & g_i(\boldsymbol{x}) \geqslant 0, \quad i=1,2,\cdots,m \end{aligned} \tag{8.4}$$

构建的辅助函数为

$$\min F(\boldsymbol{x},\delta) = f(\boldsymbol{x}) + \sigma \sum_{i=1}^{m} [\max\{0, -g_i(\boldsymbol{x})\}]^2 \tag{8.5}$$

其中，σ 是正常数。当 $\boldsymbol{x}$ 满足 $g_i(\boldsymbol{x}) \geqslant 0$ 时，有

$$\max\{0, -g_i(\boldsymbol{x})\} = 0 \tag{8.6}$$

当 $\boldsymbol{x}$ 不满足 $g_i(\boldsymbol{x}) \geqslant 0$ 时，有

$$\max\{0, -g_i(\boldsymbol{x})\} = -g_i(\boldsymbol{x}) \tag{8.7}$$

由于 $-g_i(\boldsymbol{x})$ 很大，因此 $\boldsymbol{x}$ 不是式（8.5）的极小点。于是，不等式约束问题式（8.4）可转化为辅助函数式（8.5）的无约束问题。

3．等式和不等式混合约束问题

针对约束问题式（8.1），可构建以下辅助函数：

$$\min F(\boldsymbol{x},\delta) = f(\boldsymbol{x}) + \delta P(\boldsymbol{x}) \tag{8.8}$$

其中

$$P(\boldsymbol{x}) = \sum_{i}^{m} \varphi(g_i(\boldsymbol{x})) + \sum_{j}^{n} \phi(h_j(\boldsymbol{x})) \tag{8.9}$$

辅助函数 $\varphi(y_1)$ 和 $\phi(y_2)$ 满足以下条件：

$$\varphi(y_1) = \begin{cases} 0, & y_1 \geqslant 0 \\ > 0, & y_1 < 0 \end{cases} \tag{8.10}$$

$$\phi(y_2) = \begin{cases} 0, & y_2 = 0 \\ > 0, & y_2 \neq 0 \end{cases} \tag{8.11}$$

因此，辅助函数 $\varphi(y_1)$ 和 $\phi(y_2)$ 可以分别采用以下函数：

$$\varphi(y_1) = [\max\{0, -g_i(y_1)\}]^{\alpha} \tag{8.12}$$

$$\phi(y_2) = \left|h_j(y_2)\right|^{\beta} \tag{8.13}$$

其中，$\alpha \geqslant 1$ 和 $\beta \geqslant 1$ 均是常数，通常 $\alpha = \beta = 2$。

这样，约束问题式（8.1）转化为以下无约束问题：

$$\min F(\boldsymbol{x},\delta) = f(\boldsymbol{x}) + \sigma P(\boldsymbol{x}) \tag{8.14}$$

其中，σ 是很大的正数；$f(\boldsymbol{x})$ 和 $P(\boldsymbol{x})$ 是连续函数。

因此，外点惩罚函数法的基本思想是，通过构建辅助函数将约束问题式（8.1）转化为无约束问题式（8.14）；通过添加惩罚函数 $\sigma P(\boldsymbol{x})$，在极小化辅助函数的同时逼迫搜索点向可行域靠近，从而得到目标函数式（8.1）的极小点。其中，σ 是惩罚因子，$F(\boldsymbol{x},\sigma)$ 是构建的辅助函数。

8.1.2　外点惩罚函数法的计算步骤

实际在采用外点惩罚函数法进行计算的过程中，惩罚因子 σ 的选取非常重要。当 σ 选取过大时，会增加惩罚函数极小化计算的困难；当 σ 选取过小时，无法达到约束搜索点在可行域搜索的目的，优化效率低。通常，采用一个趋于无穷大的递增正序列 $\{\sigma^k\}$。针对第 k 次迭代，优化下列函数：

$$\min f(\boldsymbol{x})+\sigma_k P(\boldsymbol{x}) \tag{8.15}$$

从而得到极小点序列$\{\boldsymbol{x}^k\}$，最终，该序列收敛于式（8.1）的最优解。通过求解一系列无约束问题来获得约束问题最优解的方法称为序列无约束优化方法，简称 SUMT 方法，其具体计算步骤如下。

（1）给定初始点$\boldsymbol{x}^1$，初始惩罚因子σ_1，放大因子$c>1$，允许误差$\varepsilon>0$，并且$k=1$。

（2）在第 k 次迭代中，初始搜索点为$\boldsymbol{x}^{k-1}$，求解无约束问题，即$\min f(\boldsymbol{x})+\sigma_k P(\boldsymbol{x})$，求得极小点$\boldsymbol{x}^k$。

（3）若$\sigma_k P(\boldsymbol{x}^k)<\varepsilon$，则停止计算，得到的最优解为$\bar{\boldsymbol{x}}=\boldsymbol{x}^k$；否则，令$\sigma_{k+1}=c\sigma_k$，$k=k+1$，返回步骤（2）。

8.1.3 外点惩罚函数法的收敛性

定理 8.1 设$0<\sigma_k\leqslant\sigma_{k+1}$，$\boldsymbol{x}^k$和$\boldsymbol{x}^{k+1}$是分别取惩罚因子$\sigma_k$与$\sigma_{k+1}$时无约束问题的全局极小点，则下列各式成立。

（1）$F(\boldsymbol{x}^k,\sigma_k)\leqslant F(\boldsymbol{x}^{k+1},\sigma_{k+1})$。

（2）$P(\boldsymbol{x}^k)\geqslant P(\boldsymbol{x}^{k+1})$。

（3）$f(\boldsymbol{x}^k)\leqslant f(\boldsymbol{x}^{k+1})$。

证明：（1）根据$F(\boldsymbol{x}^k,\sigma_k)$的定义，有

$$F(\boldsymbol{x}^k,\sigma_k)=f(\boldsymbol{x}^k)+\sigma_k P(\boldsymbol{x}^k) \tag{8.16}$$

由于$\boldsymbol{x}^k$是$F(\boldsymbol{x}^k,\sigma_k)$的全局极小点且$\sigma_k\leqslant\sigma_{k+1}$，因此，有

$$\begin{aligned}F(\boldsymbol{x}^k,\sigma_k)&\leqslant f(\boldsymbol{x}^{k+1})+\sigma_k P(\boldsymbol{x}^{k+1})\\&\leqslant f(\boldsymbol{x}^{k+1})+\sigma_{k+1}P(\boldsymbol{x}^{k+1})\\&=F(\boldsymbol{x}^{k+1},\sigma_{k+1})\end{aligned} \tag{8.17}$$

（2）由于$\boldsymbol{x}^k$和$\boldsymbol{x}^{k+1}$分别是$F(\boldsymbol{x}^k,\sigma_k)$与$F(\boldsymbol{x}^{k+1},\sigma_{k+1})$的全局极小点，因此，有

$$f(\boldsymbol{x}^k)+\sigma_k P(\boldsymbol{x}^k)\leqslant f(\boldsymbol{x}^{k+1})+\sigma_k P(\boldsymbol{x}^{k+1}) \tag{8.18}$$

$$f(\boldsymbol{x}^{k+1})+\sigma_{k+1}P(\boldsymbol{x}^{k+1})\leqslant f(\boldsymbol{x}^k)+\sigma_{k+1}P(\boldsymbol{x}^k) \tag{8.19}$$

将上述两式相加得

$$(\sigma_k-\sigma_{k+1})P(\boldsymbol{x}^k)\leqslant(\sigma_k-\sigma_{k+1})P(\boldsymbol{x}^{k+1}) \tag{8.20}$$

由于$\sigma_k\leqslant\sigma_{k+1}$，因此，有

$$P(\boldsymbol{x}^k)\geqslant P(\boldsymbol{x}^{k+1}) \tag{8.21}$$

（3）由于$\boldsymbol{x}^k$是$F(\boldsymbol{x}^k,\sigma_k)$的全局极小点，因此，有

$$f(\boldsymbol{x}^k)+\sigma_k P(\boldsymbol{x}^k)\leqslant f(\boldsymbol{x}^{k+1})+\sigma_k P(\boldsymbol{x}^{k+1}) \tag{8.22}$$

由式（8.21）可得

$$f(\boldsymbol{x}^k)\leqslant f(\boldsymbol{x}^{k+1}) \tag{8.23}$$

定理 8.2　令 $\bar{\boldsymbol{x}}$ 为式（8.1）的最优解，且对于任意 $\sigma_k > 0$，$F(\boldsymbol{x},\sigma_k)$ 都存在全局极小点，对于每个 k，都满足

$$f(\bar{\boldsymbol{x}}) \geqslant F(\boldsymbol{x}^k,\sigma_k) \geqslant f(\boldsymbol{x}^k) \tag{8.24}$$

证明：由 $F(\boldsymbol{x},\sigma_k)$ 的定义可得

$$F(\boldsymbol{x}^k,\sigma_k) = f(\boldsymbol{x}^k) + \sigma_k P(\boldsymbol{x}^k) \tag{8.25}$$

因为 $\sigma_k P(\boldsymbol{x}^k) \geqslant 0$，所以

$$F(\boldsymbol{x}^k,\sigma_k) = f(\boldsymbol{x}^k) + \sigma_k P(\boldsymbol{x}^k) \geqslant f(\boldsymbol{x}^k) \tag{8.26}$$

由于 $\bar{\boldsymbol{x}}$ 是式（8.1）的最优解，因此，有

$$P(\bar{\boldsymbol{x}}) = 0 \tag{8.27}$$

又因为 $\boldsymbol{x}^k$ 是 $F(\boldsymbol{x},\sigma_k)$ 的全局极小点，所以

$$\begin{aligned} f(\bar{\boldsymbol{x}}) &= f(\bar{\boldsymbol{x}}) + \sigma_k P(\bar{\boldsymbol{x}}) \\ &\geqslant f(\boldsymbol{x}^k) + \sigma_k P(\boldsymbol{x}^k) \\ &= F(\boldsymbol{x}^k,\sigma_k) \end{aligned} \tag{8.28}$$

因此，结合式（8.26）和式（8.28），式（8.24）成立。

定理 8.3　设式（8.1）的可行域 S 非空，且存在 $\varepsilon > 0$，使得集合

$$S = \{\boldsymbol{x} \mid g_i(\boldsymbol{x}) \geqslant -\varepsilon,\ i = 1,2,\cdots,m,\ \ |h_j(\boldsymbol{x})| \leqslant \varepsilon,\ \ j = 1,2,\cdots,n\}$$

是紧集，并且 $\{\sigma_k\}$ 是趋于无穷大的递增正序列，对于每次迭代，如果式（8.9）都存在全局最优解 $\boldsymbol{x}^k$，则存在 $\{\boldsymbol{x}^k\}$ 的收敛子序列 $\{\boldsymbol{x}^{k_j}\}$，并且任何这样的收敛子序列的极限都是式（8.1）的最优解。

证明：假设 $f(\boldsymbol{x})$ 是连续函数，式（8.1）存在全局最优解 $\bar{\boldsymbol{x}}$。由定理 8.1 和定理 8.2 可得

$$\lim_{\boldsymbol{x}\to\infty} F(\boldsymbol{x}^k,\sigma_k) = \hat{F} \tag{8.29}$$

$$\lim_{\boldsymbol{x}\to\infty} f(\boldsymbol{x}^k) = \hat{f} \tag{8.30}$$

因此，有

$$\lim_{x\to\infty} \sigma_k P(\boldsymbol{x}^k) = \hat{F} - \hat{f} \tag{8.31}$$

当 $k \to \infty$ 且 $\sigma_k \to \infty$ 时，得

$$\lim_{\boldsymbol{x}\to\infty} P(\boldsymbol{x}^k) = 0 \tag{8.32}$$

根据 $P(\boldsymbol{x})$ 的概念，当 $\boldsymbol{x} \in S$ 时，$P(\boldsymbol{x}) = 0$；当 $\boldsymbol{x} \notin S$ 时，$P(\boldsymbol{x}) > 0$。因此，存在充分大的正整数 $\hat{K}(\varepsilon)$，使得所有满足 $k > \hat{K}(\varepsilon)$ 的点 $\boldsymbol{x}^k \in S$，因此，存在收敛子序列 $\{\boldsymbol{x}^{k_j}\}$。

针对收敛子序列 $\{\boldsymbol{x}^{k_j}\}$，设

$$\lim_{\boldsymbol{x}\to\infty} \boldsymbol{x}^{k_j} = \hat{\boldsymbol{x}} \tag{8.33}$$

由式（8.32）可得

$$P(\hat{\boldsymbol{x}})=0 \tag{8.34}$$

因此，$\hat{\boldsymbol{x}}\in S$。

由于 $\bar{\boldsymbol{x}}$ 是式（8.1）的全局最优解，因此，有

$$f(\bar{\boldsymbol{x}})\leqslant f(\hat{\boldsymbol{x}}) \tag{8.35}$$

根据定理 8.2，对于每个 k_j，都有

$$f(\boldsymbol{x}^{k_j})\leqslant f(\bar{\boldsymbol{x}}) \tag{8.36}$$

当 $k_j\to\infty$ 时，有

$$f(\hat{\boldsymbol{x}})\leqslant f(\bar{\boldsymbol{x}}) \tag{8.37}$$

由式（8.35）和式（8.37）可得

$$f(\hat{\boldsymbol{x}})=f(\bar{\boldsymbol{x}}) \tag{8.38}$$

因此，$\hat{\boldsymbol{x}}$ 是式（8.1）的全局最优解，该定理成立。

8.2　内点惩罚函数法

8.2.1　内点惩罚函数法的基本思想

内点惩罚函数法是从可行域内部一点出发，并保证在可行域内部进行搜索。因此，该方法适用于以下不等式约束问题：

$$\begin{aligned}\min\quad & f(\boldsymbol{x})\\ \text{s.t.}\quad & g_i(\boldsymbol{x})\geqslant 0,\quad i=1,2,\cdots,m\end{aligned} \tag{8.39}$$

其中，$f(\boldsymbol{x})$ 是目标函数；$g_i(\boldsymbol{x})$ 是不等式约束条件。将其可行域定义为

$$S=\{\boldsymbol{x}\,|\,g_i(\boldsymbol{x})\geqslant 0,\quad i=1,2,\cdots,m\} \tag{8.40}$$

保持搜索点在可行域内部搜索的方法可通过定义障碍函数来实现，即

$$G(\boldsymbol{x},r)=f(\boldsymbol{x})+rB(\boldsymbol{x}) \tag{8.41}$$

其中，$B(\boldsymbol{x})$ 是连续函数，当搜索点 x 趋于可行域边界时，$B(\boldsymbol{x})\to\infty$；$r$ 是很小的正数。

障碍函数可采取下列两种方式定义：

$$B(\boldsymbol{x})=\sum_{i=1}^{m}\frac{1}{g_i(\boldsymbol{x})}\quad 或\quad B(\boldsymbol{x})=-\sum_{i=1}^{m}\log g_i(\boldsymbol{x}) \tag{8.42}$$

当 $\boldsymbol{x}$ 趋于可行域边界时，$G(\boldsymbol{x},r)\to\infty$；否则，$r$ 取值较小，函数 $G(\boldsymbol{x},r)$ 趋于目标函数 $f(\boldsymbol{x})$。因此，可通过求解下列问题逼近求解式（8.39）的近似解：

$$\begin{aligned}\min\quad & G(\boldsymbol{x},r)\\ \text{s.t.}\quad & \boldsymbol{x}\in\operatorname{int}S\end{aligned} \tag{8.43}$$

由于障碍函数的存在，在可行域边界形成“围墙”，因此式（8.43）的最优解必包含于可行域内部。

8.2.2　内点惩罚函数法的计算步骤

内点惩罚函数法的 r 太小，给优化目标函数式（8.39）带来一定的困难。因此，本节采用与外点惩罚函数法相同的思路，采用序列无约束优化方法（SUMT 方法），取一个严格单调递减且趋于 0 的惩罚因子序列 $\{r_k\}$，对每次迭代，求解

$$\begin{aligned} &\min \quad G(\boldsymbol{x}, r_k) \\ &\text{s.t.} \quad \boldsymbol{x} \in \operatorname{int} S \end{aligned} \tag{8.44}$$

内点惩罚函数法的计算步骤如下。

（1）给定初始点 $\boldsymbol{x}^1$，初始惩罚因子 r_1，缩小因子 $\beta \in (0,1)$，允许误差 $\varepsilon > 0$，并且 $k = 1$。

（2）在第 k 次迭代中，初始搜索点为 $\boldsymbol{x}^{k-1}$，求解下述优化问题：

$$\begin{aligned} &\min \quad f(\boldsymbol{x}) + r_k B(\boldsymbol{x}) \\ &\text{s.t.} \quad \boldsymbol{x} \in \operatorname{int} S \end{aligned} \tag{8.45}$$

由此求得极小点 $\boldsymbol{x}^k$。其中的 $B(\boldsymbol{x})$ 可采用式（8.42）进行设计。

（3）若 $\sigma_k B(\boldsymbol{x}^k) < \varepsilon$，则停止计算，得到的最优解为 $\bar{\boldsymbol{x}} = \boldsymbol{x}^k$；否则，令 $r_{k+1} = \beta r_k$，$k = k+1$，返回步骤（2）。

8.2.3　内点惩罚函数法的收敛性

定理 8.4　在目标函数式（8.39）中，可行域 $\operatorname{int} S$ 非空，且存在最优解，对于每个 r_k，障碍函数 $G(\boldsymbol{x}, r_k)$ 在 $\operatorname{int} S$ 内都存在极小点，且内点惩罚函数法产生的全局极小点序列 $\{\boldsymbol{x}^k\}$ 存在子序列并收敛于 $\bar{\boldsymbol{x}}$，此时，$\bar{\boldsymbol{x}}$ 是式（8.39）的全局最优解。

证明：（1）$\{G(\boldsymbol{x}^k, r_k)\}$ 是单调递减有下界的序列。

设 $\boldsymbol{x}^k, \boldsymbol{x}^{k+1} \in \operatorname{int} S$ 分别是 $G(\boldsymbol{x}, r_k)$ 和 $G(\boldsymbol{x}, r_{k+1})$ 的全局极小点，由于 $r_k > r_{k+1}$，因此，有

$$\begin{aligned} G(\boldsymbol{x}^{k+1}, r_{k+1}) &= f(\boldsymbol{x}^{k+1}) + r_{k+1} G(\boldsymbol{x}^{k+1}, r_{k+1}) \\ &\leqslant f(\boldsymbol{x}^k) + r_{k+1} G(\boldsymbol{x}^{k+1}, r_{k+1}) \\ &\leqslant f(\boldsymbol{x}^k) + r_k G(\boldsymbol{x}^{k+1}, r_{k+1}) \\ &= G(\boldsymbol{x}^k, r_k) \end{aligned} \tag{8.46}$$

设 $\bar{\boldsymbol{x}}$ 是式（8.39）的全局最优解，对于每个可行域内的 $\boldsymbol{x}^k$ 点，都有

$$f(\boldsymbol{x}^k) \geqslant f(\bar{\boldsymbol{x}}) \tag{8.47}$$

同时，有

$$G(\boldsymbol{x}^k, r_k) \geqslant f(\boldsymbol{x}^k) \tag{8.48}$$

因此，有

$$G(\boldsymbol{x}^k, r_k) \geqslant f(\bar{\boldsymbol{x}}) \tag{8.49}$$

即 $\{G(\boldsymbol{x}^k, r_k)\}$ 是单调递减有下界的序列；

$$\hat{G}=\lim_{k\to\infty}G(\boldsymbol{x}^k,r_k)\geqslant f(\overline{\boldsymbol{x}}) \tag{8.50}$$

（2）证明 $\hat{G}=f(\overline{\boldsymbol{x}})$。

使用反证法，假设 $\hat{G}>f(\overline{\boldsymbol{x}})$。$f(\boldsymbol{x})$ 为连续函数，存在正数 δ，当 $\|\boldsymbol{x}-\overline{\boldsymbol{x}}\|<\delta$ 且 $\boldsymbol{x}\in\operatorname{int}S$ 时，有

$$f(\boldsymbol{x})-f(\overline{\boldsymbol{x}})\leqslant\frac{1}{2}[\hat{G}-f(\overline{\boldsymbol{x}})] \tag{8.51}$$

即

$$f(\boldsymbol{x})\leqslant\frac{1}{2}[\hat{G}+f(\overline{\boldsymbol{x}})] \tag{8.52}$$

存在 K，当 $k>K$ 且 $r_k\to 0$ 时，$\hat{\boldsymbol{x}}\in\operatorname{int}S$ 且 $\|\hat{\boldsymbol{x}}-\overline{\boldsymbol{x}}\|<\delta$，有

$$r_kB(\hat{\boldsymbol{x}})<\frac{1}{4}[\hat{G}-f(\overline{\boldsymbol{x}})] \tag{8.53}$$

因此，根据 $G(\boldsymbol{x}^k,r_k)$ 的定义，有

$$\begin{aligned}G(\boldsymbol{x}^k,r_k)&=f(\boldsymbol{x}^k)+r_kB(\boldsymbol{x}^k)\\&\leqslant f(\hat{\boldsymbol{x}})+r_kB(\hat{\boldsymbol{x}})\\&\leqslant\frac{1}{2}[\hat{G}+f(\overline{\boldsymbol{x}})]+\frac{1}{4}[\hat{G}-f(\overline{\boldsymbol{x}})]\\&=\hat{G}-\frac{1}{4}[\hat{G}-f(\overline{\boldsymbol{x}})]\\&=\frac{3}{4}\hat{G}+\frac{1}{4}f(\overline{\boldsymbol{x}})\end{aligned} \tag{8.54}$$

式（8.54）与式（8.49）矛盾，因此，必有

$$\hat{G}=f(\overline{\boldsymbol{x}}) \tag{8.55}$$

（3）证明 $\overline{\boldsymbol{x}}$ 是全局最优解。

假设 $\{\boldsymbol{x}^{k_j}\}$ 是 $\{\boldsymbol{x}^k\}$ 的收敛子序列，且

$$\lim_{k_j\to\infty}\boldsymbol{x}^{k_j}=\overline{\boldsymbol{x}} \tag{8.56}$$

由于 $\boldsymbol{x}^{k_j}$ 是可行域内的点，因此，有

$$g_i(\boldsymbol{x}^{k_j})>0 \tag{8.57}$$

且 $g_i(\boldsymbol{x})$ 是连续函数，故

$$\lim_{k_j\to\infty}g_i(\boldsymbol{x}^{k_j})=g_i(\overline{\boldsymbol{x}})\geqslant 0 \tag{8.58}$$

假设 $\boldsymbol{x}^*$ 是全局最优解，则有

$$f(\boldsymbol{x}^*)\leqslant f(\overline{\boldsymbol{x}}) \tag{8.59}$$

假设 $f(\boldsymbol{x}^*)<f(\overline{\boldsymbol{x}})$，则有

$$\lim_{k_j \to \infty} \{f(\boldsymbol{x}^{k_j} - f(\boldsymbol{x}^*))\} = f(\overline{\boldsymbol{x}}) - f(\boldsymbol{x}^*) > 0 \tag{8.60}$$

当 $k_j \to \infty$ 时，有

$$\begin{aligned} G(\boldsymbol{x}^{k_j}, r_{k_j}) - f(\boldsymbol{x}^*) &= f(\boldsymbol{x}^{k_j}) + r_{k_j} B(\boldsymbol{x}^{k_j}) - f(\boldsymbol{x}^*) \\ &\geqslant f(\overline{\boldsymbol{x}}) - f(\boldsymbol{x}^*) \end{aligned} \tag{8.61}$$

由于 $G(\boldsymbol{x}^{k_j}, r_{k_j}) - f(\boldsymbol{x}^*)$ 不趋于 0，与

$$f(\boldsymbol{x}^*) \leqslant f(\overline{\boldsymbol{x}}) \tag{8.62}$$

$$\lim_{k \to \infty} G(\boldsymbol{x}^k, r_k) = \hat{G} = f(\boldsymbol{x}^*) \tag{8.63}$$

相矛盾。因此，$f(\boldsymbol{x}^*) = f(\overline{\boldsymbol{x}})$。从而证明 $\overline{\boldsymbol{x}}$ 是式（8.39）的全局最优解。

8.2.4　案例分析

例 8.1　利用外点惩罚函数法求解下列约束问题：

$$\begin{aligned} \min \quad & (x_1 - 1)^2 + 2x_2^2 \\ \text{s.t.} \quad & 2x_1 - 1 \geqslant 0 \end{aligned} \tag{8.64}$$

解：定义惩罚函数并构建辅助函数，即

$$\begin{aligned} F(\boldsymbol{x}, \sigma) &= (x_1 - 1)^2 + 2x_2^2 + \sigma[\max\{0, -(2x_1 - 1)\}]^2 \\ &= \begin{cases} (x_1 - 1)^2 + 2x_2^2, & 2x_1 - 1 \geqslant 0 \\ (x_1 - 1)^2 + 2x_2^2 + \sigma(2x_1 - 1)^2, & 2x_1 - 1 < 0 \end{cases} \end{aligned} \tag{8.65}$$

求辅助函数的导数，即

$$\frac{\partial F(\boldsymbol{x}, \sigma)}{\partial x_1} = \begin{cases} 2(x_1 - 1), & 2x_1 - 1 \geqslant 0 \\ 2(x_1 - 1) + 4\sigma(2x_1 - 1), & 2x_1 - 1 < 0 \end{cases} \tag{8.66}$$

$$\frac{\partial F(\boldsymbol{x}, \sigma)}{\partial x_2} = 4x_2 \tag{8.67}$$

令导数等于 0，有

$$\boldsymbol{x} = \left[\frac{1 + 2\sigma}{1 + 4\delta}, 0\right] \tag{8.68}$$

当 $\sigma \to \infty$ 时，$\boldsymbol{x}$ 的最优解为

$$\boldsymbol{x} = \left[\frac{1}{2}, 0\right] \tag{8.69}$$

即该约束问题的最优解。

例 8.2　利用内点惩罚函数法求解下列约束问题：

$$\min \quad (x_1 + 1)^3 + 2x_2^2$$

$$\text{s.t.} \quad 2x_1 - 3 \geqslant 0 \\ x_2 \geqslant 0 \tag{8.70}$$

解：构建障碍函数，即

$$G(\boldsymbol{x}, r_k) = (x_1+1)^3 + 2x_2^2 + r_k\left(\frac{1}{2x_1-3} + \frac{1}{x_2}\right) \tag{8.71}$$

$$\boldsymbol{x} \in S = \{\boldsymbol{x} \mid 2x_1 - 3 \geqslant 0, \quad x_2 - 1 \geqslant 0\} \tag{8.72}$$

求障碍函数的导数并令其为零，即

$$\frac{\partial G}{\partial x_1} = 3(x_1+1)^2 - r_k \frac{2}{(2x_1-3)^2} = 0 \tag{8.73}$$

$$\frac{\partial G}{\partial x_2} = 4x_2 - r_k \frac{1}{x_2^2} = 0 \tag{8.74}$$

求得

$$\overline{\boldsymbol{x}}_{r_k} = (x_1, x_2) = \left(\sqrt{\frac{5}{2} + \frac{1}{2}\sqrt{\frac{2r_k}{3}} + 1}, \sqrt[3]{\frac{r_k}{4}}\right) \tag{8.75}$$

当 $r_k \to 0$ 时，$\overline{\boldsymbol{x}}_{r_k} = (x_1, x_2) = \left(\sqrt{\frac{5}{2}+1}, 0\right) = \left(\sqrt{\frac{7}{2}}, 0\right)$ 即该约束问题的最优解。

思政园地

约束优化与个人发展

生产实际中的优化问题往往受到现实条件的限制，属于约束优化问题。在这类问题中，仅仅通过目标函数求得的最优解可能并不是可行解，需要在可行域内找到问题的最优解。也就是说，实际问题的参数优化过程需要遵循可行域的约束，只有这样才能取得有意义的最优解。

在人类社会中，每个人在追求自己个人价值的最大化实现，即进行最优选择时，也需要考虑社会的约束，只有这样才能在社会中找到自己的最佳位置，实现人生的理想。马克思和恩格斯在《共产党宣言》中曾指出："代替那存在着阶级和阶级对立的资产阶级旧社会的，将是这样一个联合体，在那里，每个人的自由发展是一切人的自由发展的条件。"马克思在《路易·波拿巴的雾月十八日》中讲到"人们自己创造自己的历史，但是他们并不是随心所欲地创造，并不是在他们自己选定的条件下创造，而是在直接碰到的、既定的、从过去承继下来的条件下创造。"《中华人民共和国宪法》第三十三条指出："任何公民享有宪法和法律规定的权利，同时必须履行宪法和法律规定的义务"；第五十一条指出："中华人民共和国公民在行使自由和权利的时候，不得损害国家的、社会的、集体的利益和其他公民的合法的自由和权利。"这些明确指出了个人的利益最优化一定要在社会的约束下才是许可的，才是客观可行的。

我们应该将自己的未来融入社会发展的需求中。1956 年夏，雷锋参加了工作，他在乡政府当通信员，后因工作出色，被调往望城县委当公务员。工作之余，他认真读书学习。他曾在一篇日记中写道："一个人的作用，对革命事业来说，就如一台机器上的一颗螺丝钉……螺丝钉虽小，其作用却是不可低估的。我愿永远做一颗螺丝钉……"1958 年，鞍山钢铁公司（以下简称鞍钢）到望城县（现为望城区）招收工人。雷锋听到消息后，积极响应号召，他那"到祖国最需要的地方奉献光与热"的夙愿终于得以实现。在鞍钢工作期间，他成为一名出色的推土机手，并多次被评为"劳动模范""先进生产者""社会主义建设积极分子"。1960 年，雷锋参军入伍，成为一名汽车兵。在部队里，他继续发扬螺丝钉精神，全心全意为人民服务，为了人民的事业无私奉献。他乐于助人、勤俭节约，经常把省吃俭用攒下的钱捐给灾区和需要帮助的人们。他还十分关心少年儿童的成长，先后担任抚顺两所小学的少先队校外辅导员，帮助孩子们德智体美劳全面发展。见他如此不计回报，有人称他是"傻子"。对此，他回应道："我要做一个有利于人民、有利于国家的人。如果说这是'傻子'，那我甘心做这样的'傻子'，革命需要这样的'傻子'，建设也需要这样的'傻子'。"1963 年 3 月 5 日，《人民日报》发表了毛泽东的题词——"向雷锋同志学习"，全国上下掀起了学习雷锋的热潮。

2016 年 4 月 26 日，习近平总书记在安徽合肥主持召开知识分子、劳动模范、青年代表座谈会时指出："无论从事什么劳动，都要干一行、爱一行、钻一行。在工厂车间，就要弘扬'工匠精神'，精心打磨每一个零部件，生产优质的产品。在田间地头，就要精心耕作，努力赢得丰收。在商场店铺，就要笑迎天下客，童叟无欺，提供优质的服务。只要踏实劳动、勤勉劳动，在平凡岗位上也能干出不平凡的业绩。"

2018 年，在雷锋纪念馆，习近平总书记曾深情地说，如果 13 亿多中国人、8900 多万党员、400 多万党组织都能学习雷锋精神，都能在自己的岗位上做一颗永不生锈的螺丝钉，我们的凝聚力、战斗力将无比强大，我们将无往而不胜。

2019 年 9 月，习近平总书记对我国选手在世界技能大赛上取得佳绩指示强调："要在全社会弘扬精益求精的工匠精神，激励广大青年走技能成才、技能报国之路。"

2020 年 11 月 24 日，习近平总书记在全国劳动模范和先进工作者表彰大会上指出："在长期实践中，我们培育形成了爱岗敬业、争创一流、艰苦奋斗、勇于创新、淡泊名利、甘于奉献的劳模精神，崇尚劳动、热爱劳动、辛勤劳动、诚实劳动的劳动精神，执着专注、精益求精、一丝不苟、追求卓越的工匠精神。"习近平总书记和老一辈无产阶级革命家告诉我们，个人的成功必须结合社会的需求和约束才能实现，从而实现个人价值的最大化。

习　题

1．利用外点惩罚函数法求解下列函数最小化问题。

（1）$f(\boldsymbol{x})=(x_1+1)^2+x_2^2$，s.t. $x_1+x_2=2$。

（2）$f(\boldsymbol{x})=(x_1+1)^2+(x_2-2)^2$，s.t. $x_1+x_2\geqslant 1$。

（3）$f(\boldsymbol{x})=x_1+2x_2+1$，s.t. $x_1^2+x_2^2\geqslant 1$。

（4）$f(\boldsymbol{x})=x_1+2x_1x_2+1$，s.t. $x_1^2+x_2^2\geqslant 1$，$x_1\geqslant 1$。

2．利用内点惩罚函数法求解下列函数最小化问题。

（1）$f(x)=x^2$，s.t. $x\geqslant 2$。

（2） $f(x)=x+1$， s.t. $x\geqslant 0$。

（3） $f(x)=\dfrac{1}{x}$， s.t. $x\geqslant 2$。

3．考虑下列约束问题：

$$f(\boldsymbol{x})=x_1^2+x_2^2$$

$$\text{s.t.}\quad g(\boldsymbol{x})=x_1\geqslant 2,\quad h(\boldsymbol{x})=x_2\geqslant 1$$

定义障碍函数为

$$G(\boldsymbol{x},r)=f(\boldsymbol{x})-r\ln g(\boldsymbol{x})$$

试用内点惩罚函数法求解上述约束问题，并求出由内点惩罚函数法产生的序列中的全局最优解。

第 9 章　动态规划法

9.1　动态规划的基本概念

动态规划是一种通过将原问题分解为一系列简单问题的方式求解复杂问题的方法，主要用于求解以时间或空间划分动态过程的最优化问题，其实质是处理序列化多阶段优化问题。本章以一个实例引出动态规划的基本概念与相关术语，并介绍求解动态规划问题的两种基本方法：逆推解法和顺推解法。

9.1.1　动态规划的实例与定义

例 9.1（最短路径问题）　假设存在一个路网（见图 9.1），要求从起点 A 抵达终点 J。图 9.1 中的每个圆圈代表一个驿站，连线上的数字代表两个驿站之间的路程。从起点 A 到终点 J 需要经过 3 个驿站。第 1 个驿站需要在 B、C、D 中进行选择，第 2 个驿站需要在 E、F、G 中进行选择，第 3 个驿站需要在 H 和 I 中进行选择，尝试求解出一个方案，使得从起点 A 到达终点 J 的路程最短。

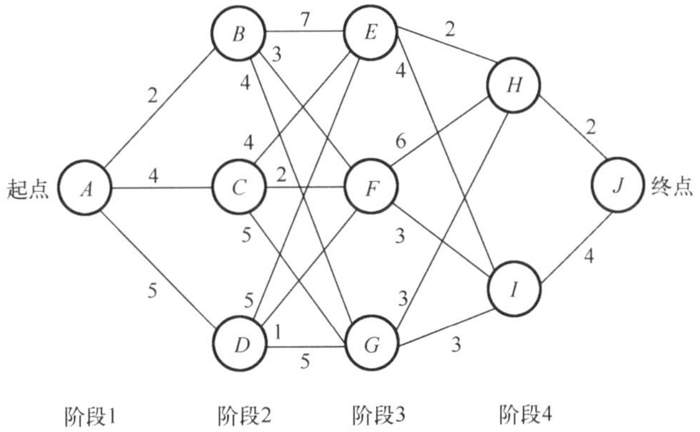

图 9.1　最短路径问题

从本实例中可以看出，尽管起点与终点已经确定，但是仍需要选择所需经过的驿站。因此，要求在每个阶段对到达下一个驿站的路径进行选择，使得最终的路径最短。虽然可以直接使用穷举法列举出所有的可能性，并从中选出路径最短的方案。但是当该类问题规模变大时，穷举法的求解时间将十分长。使用动态规划法可将原问题划分为不同的阶段，并进行系统性的逐步求解，可极大减少求解该类问题的计算次数。因此，与此类似的多阶段决策优化过程可定义为动态规划。

9.1.2　形式化术语

为正确求解动态规划问题，这里介绍一些常用术语。

阶段。动态规划的实质是将一个最优化问题分解成不同的阶段，并进行有序求解。因此，阶段可作为一个待求解问题在时间或空间上的划分。以如图 9.1 所示的最短路径问题为例，按照所选驿站的到达时间顺序，将整个问题划分为 4 个阶段，以表示阶段变量，即 $k=1,2,3,4$。若问题只有一个阶段（$|k|=1$），则动态规划问题将退化为一个普通的最优化问题。

状态。在每个阶段都存在若干状态，可反映该阶段开始时的一些限定条件，将用于描述每个阶段所有状态的变量定义为状态变量。因此，每个阶段存在的若干状态变量可定义为该阶段的状态变量集合。以如图 9.1 所示的最短路径问题为例，如果使用 s_n 表示第 n 个阶段的某个状态变量，则每个阶段的所有状态变量集合为 $S_1=\{A\}$，$S_2=\{B,C,D\}$，$S_3=\{E,F,G\}$，$S_4=\{H,I\}$。

决策与策略。在每个阶段，决策是指从当前可选的状态变量中进行选择，从而使状态转换到下一个状态的起始状态，用 x_k 表示阶段 k 的决策变量。以如图 9.1 所示的最短路径问题为例，如果每个阶段的状态变量确定，则从 B 出发所允许的决策变量集合为 $D_3(B)=\{E,F,G\}$，如选择 E，则 $x_3=E$。后面为方便结合状态转移方程识别当前阶段和下一个阶段的状态，也可用 $u_k(s_k)$ 表示在阶段 k 的状态变量 s_k 下的决策变量。全过程每个阶段的决策组成的序列称为策略，记为 $p_{1,n}(s_1)$，其中，s_1 为初始状态。同样以如图 9.1 所示的最短路径问题为例，其中的一种策略可记为 $p_{1,n}(s_1)=\{A,B,E,H,J\}$。第 k 个阶段的策略集合称为子策略，记为 $p_{k,n}(s_k)$，其中，$k=1,2,\cdots,n-1$。因此，动态规划的基本目标是在不同策略中搜索出最优策略。

状态转移方程。定义阶段 k 的状态为 s_k，决策变量为 x_k，则阶段 $k+1$ 的状态 s_{k+1} 与 s_k 的函数关系为状态转移方程，记为 $s_{k+1}=T(s_k,x_k)$。在如图 9.1 所示的最短路径问题中，状态转移方程可简单记为 $s_{k+1}=x_k$。

代价函数。代价函数是用于计算全过程或所有子过程好坏的指标函数。使用 $V_{1,n}(s_1,p_{1,n})$ 表示初始状态为 s_1、使用策略 $p_{1,n}$ 时，全过程的指标函数值。而 $V_{k,n}(s_k,p_{k,n})$ 表示在阶段为 k、状态为 s_k、使用策略 $p_{k,n}$ 时，后面子过程的指标函数值。因此，当状态确定时，指标函数值将随策略的改变而不同，当指标函数值取得最优值时，所对应的策略即最优策略，表示为

$$f_k^*(s)=\min_{p_{k,n}\in P_{k,n}(s_k)} V_{k,n}(s_k,p_{k,n}) \tag{9.1}$$

其中，$P_{k,n}(s_k)$ 表示起始状态 s_k 的所有子策略的集合，所求解的优化问题假定为求解最小值问题。

为方便理解，图 9.2 给出了所有形式化术语之间的关系。

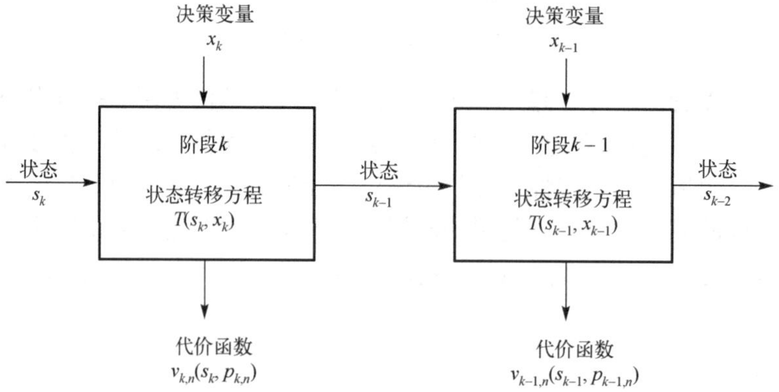

图 9.2　所有形式化术语之间的关系

对于动态规划问题的求解过程，可按照以下形式化表述给出：

$$\begin{aligned} f_k(s_k) &= \min_{p_{k,n}\in P_{k,n}(s_k)} V_{k,n}(s_k, p_{k,n}) \\ &= \min_{x_k\in D_k(s_k)} \{v(s_k,x_k) + \min_{p_{k+1}\in P_{k+1,n}(s_{k+1})} V_{k+1,n}(s_{k+1}, p_{k+1,n})\} \\ &= \min_{x_k\in D_k(s_k)} \{v_k(s_k,x_k) + f^*{}_{k+1}(s_{k+1})\} \end{aligned} \tag{9.2}$$

根据以上求解过程的形式化表述，可将求解过程归纳为：在当前决策 x_n 和状态 s_n，并可从当前决策得到下一个状态 s_{n-1} 的条件下，所有的子序列决策必须最优。整个动态规划问题的求解是按照递归关系进行的，最终递归的结束条件为 $f_{n+1}(s_{n+1})=0$。换句话说，整个动态规划问题的递归求解过程需要存在一个可识别的约束条件。此外，从求解过程的形式化表述还可以看出，求解动态规划问题的最优决策序列是一个多阶段问题，每个阶段的子问题的求解都可采用试错法进行。

9.2　逆推解法及案例分析

9.2.1　逆推解法介绍

顾名思义，逆推解法即利用已知条件，先从 $k=n$ 开始计算，求取各阶段的最优决策值 x_k^*，直至抵达问题的初始阶段 $f_1(s_1)$，获得最优代价函数值；再从 $k=1$ 开始计算，以所定义的状态转移方程确定最优策略。

下面以例 9.1 为例来说明逆推解法。

9.2.2　逆推解法案例分析

例 9.2　使用逆推解法求解例 9.1。

解：按照逆推解法的求解思路，确定停止计算的初始状态为 $s_1=A$，相关状态转移方程为 $s_{k+1}=x_k$。在每个阶段，枚举出所有可能的决策变量：阶段 s_2 有 3 个可能取值 $\{B,C,D\}$，阶段 s_3 有 3 个可能取值 $\{E,F,G\}$，阶段 s_4 有两个可能取值 $\{H,I\}$； $s_5=J$。

当 $k=4$ 时，当前阶段的即时最优解如表 9.1 所示。

表 9.1　当 $k=4$ 时的即时最优解

s_4	$f_4^*(s)$	x_4^*
H	2	J
I	4	J

当 $k=3$ 时，当前阶段的即时最优解如表 9.2 所示，根据状态转移方程 $s_{k+1}=x_k$，可得 $f_3(s,x_3)=v_3(s_3,x_3)+f_4^*(x_3)$。

表 9.2　当 $k=3$ 时的即时最优解

s_3	x_3			
	$f_3(s_3,x_3)=v_3(s_3,x_3)+f_4^*(x_3)$		$f_3^*(s)$	x_3^*
	H	I		
E	4	8	4	H
F	8	7	7	I
G	5	7	5	H

同理，当 $k=2$ 时，当前阶段的即时最优解如表 9.3 所示。

表 9.3 当 $k=2$ 时的即时最优解

s_2	$f_2(s_2,x_2)=v_2(s_2,x_2)+f_3^*(x_2)$			$f_2^*(s)$	x_2^*
	E	F	G		
B	11	10	9	9	G
C	8	9	10	8	E
D	9	8	10	8	E

当 $k=1$ 时，当前阶段的即时最优解如表 9.4 所示。

表 9.4 当 $k=1$ 时的即时最优解

s_1	$f_1(s_1,x_1)=v_1(s_1,x_1)+f_2^*(x_1)$			$f_1^*(s)$	x_1^*
	B	C	D		
A	11	12	13	11	B

最终，整个问题的最优解可从表 9.1～表 9.4 中得出。当 $k=1$ 时，当前阶段的最优决策为 $x_1^*=B$。当 $k=2$ 时，对于 $s_2=B$ 的最优决策为 $x_2^*=G$。当 $k=3$ 时，对于 $s_3=G$ 的最优决策为 $x_3^*=H$。当 $k=4$ 时，对于 $s_4=H$ 的最优决策为 $x_4^*=J$。因此，最终的最优策略为 $A\to B\to G\to H\to J$，最优代价函数值（从 A 到 J 的最短路径）为 11。

例 9.3（投资问题） 假设银行需要向 3 个地区（1#、2#、3#）进行投资，每笔投资金额固定，总共可支配 5 笔投资，向 3 个地区投资的数量及回报情况如表 9.5 所示。

表 9.5 向 3 个地区投资的数量及回报情况

投资的数量/笔	投资回报/万元		
	地区		
	1#	2#	3#
0	0	0	0
1	65	20	51
2	80	46	70
3	90	75	90
4	109	100	100
5	130	140	130

请问如何分配这 5 笔投资才能使总回报最大？

首先，该问题属于典型的多阶段决策过程最优化问题。根据对“阶段”所定义的对问题在时间和空间上的划分，本案例将空间划分定义为阶段。决策变量 x_k（$k=1,2,3$）表示在该阶段地区的投资的数量。状态变量 s_k 表示在阶段 k 所剩余或还可以用于投资的数量。从表 9.5 中可知，可支配的投资数量共有 5 笔，因此，当 $s_1=5$ 时，$s_2=5-x_1$，并且 $s_3=s_2-x_2$。因此，本问题的状态转移方程为

$$s_{k+1}=s_k-x_k \tag{9.3}$$

下面根据问题定义代价函数。根据前面代价函数的定义，一般为求解最小化问题。在本

案例中，可直接对所计算的投资回报加上符号转换为最小化问题。但为了便于理解，这里直接使用最大化问题进行建模。本案例的总代价函数为

$$\max\sum_{i=1}^{3}v_i(x_i) \tag{9.4}$$

$$\text{s.t.}\sum_{i=1}^{3}x_i=5$$

$$x_i\in\mathbb{N}$$

$$0\leqslant x_i\leqslant 5$$

在约束条件中，$x_i\in\mathbb{N}$ 表示 x_i 为自然数。根据总代价函数，采用逆推解法求解本案例的递归表达式为

$$f_k(s_k)=\max_{x_i\in\{0,1,\cdots,s_k\}}\{v_k(x_k)+f_{k+1}^*(s_k-x_k)\} \tag{9.5}$$

因此，当 $k=3$ 时，当前阶段的即时最优解如表 9.6 所示。

表 9.6 当 $k=3$ 时的即时最优解

s_3	$f_3^*(s_3)$	x_3^*	s_3	$f_3^*(s_3)$	x_3^*
0	0	0	3	90	3
1	51	1	4	100	4
2	70	2	5	130	5

当 $k=2$ 时，当前阶段的即时最优解如表 9.7 所示。

表 9.7 当 $k=2$ 时的即时最优解

s_2	$f_2(s_2,x_2)=v_2(x_2)+f_3^*(s_2-x_2)$						$f_2^*(s_2)$	x_2^*
	0	1	2	3	4	5		
0	0						0	0
1	51	20					51	0
2	70	71	46				71	1
3	90	90	97	75			97	2
4	100	110	116	126	100		126	3
5	130	120	136	145	151	140	151	4

根据表 9.7，以 $x_2=1$ 为例展示计算过程，通过查表，可知 $v_2(x_2)=20$。每个阶段的状态转移方程的计算过程如下。

当 $s_2=1$ 时，$f_3^*(s_2-x_2)=f_3^*(0)=0$，因此，$f_2(s_2,x_2)=20+0=20$。

当 $s_2=2$ 时，$f_3^*(s_2-x_2)=f_3^*(1)=51$，因此，$f_2(s_2,x_2)=20+51=71$。

当 $s_2=3$ 时，$f_3^*(s_2-x_2)=f_3^*(2)=70$，因此，$f_2(s_2,x_2)=20+70=90$。

当 $s_2=4$ 时，$f_3^*(s_2-x_2)=f_3^*(3)=90$，因此，$f_2(s_2,x_2)=20+90=110$。

当 $s_2=5$ 时，$f_3^*(s_2-x_2)=f_3^*(3)=110$，因此，$f_2(s_2,x_2)=20+100=120$。

表 9.7 中剩下的结果可按照上述步骤依次计算得出。

当 $k=1$ 时，当前阶段的即时最优解如表 9.8 所示。

表 9.8 当 $k=1$ 时的即时最优解

s_1	$f_1(s_1,x_1)=v_1+f_2^*(s_1-x_1)$						$f_1^*(s_1)$	x_1^*
	0	1	2	3	4	5		
5	151	191	177	161	174	130	191	1

至此，最终的最优决策为 $x_1^*=1$， $x_2^*=3$， $x_3^*=1$，即分别向 1#、2#和 3#地区投资 1 笔、3 笔与 1 笔可获得最大回报。最大回报为 $\sum_{i=1}^{3} v_i(x_i^*)=191+126+51=368$（万元）。

9.3 顺推解法及案例分析

9.3.1 顺推解法介绍

与逆推解法相反，顺推解法从第一个阶段开始，由前向后，利用状态转移方程进行计算，初始状态为 $f_0(s_1)=0$，状态转移方程为

$$s_k=\overline{T}(s_{k+1},x_k) \tag{9.6}$$

其中， $k\in\{1,2,\cdots,n\}$，利用顺推解法进行求解的递推方程可表示为

$$\begin{aligned} f_k(s_{k+1}) &= \min_{x_k\in\overline{D}_k(s_{k+1})}\{v_k(s_{k+1},x_k)+\min_{p_{k-1}\in P_{k-1,n}(s_k)} V_{k-1}(s_k,p_{k-1,n})\} \\ &= \min_{x_k\in\overline{D}(s_k)}\{v_k(s_{k+1},x_k)+f_{k-1}^*(s_k)\} \end{aligned} \tag{9.7}$$

9.3.2 顺推解法案例分析

例 9.4 使用顺推解法求解例 9.1。

设定初始状态为 $f_0(A)=0$，当 $k=1$ 时，当前阶段的即时最优解如表 9.9 所示。

表 9.9 当 $k=1$ 时的即时最优解

s_2	A
B	2
C	4
D	5

当 $k=2$ 时，当前阶段的即时最优解如表 9.10 所示。

表 9.10 当 $k=2$ 时的即时最优解

s_2	$f_2(s_3,x_2)=v_2(s_3,x_2)+f_1^*(s_2)$			$f_2^*(s)$	x_2^*
	B	C	D		
E	9	8	10	8	B
F	5	6	6	5	B
G	6	9	10	6	B

当 $k=3$ 时，当前阶段的即时最优解如表 9.11 所示。

表 9.11　当 $k=3$ 时的即时最优解

s_4	$f_3(s_4,x_3)=v_3(s_4,x_3)+f_2^*(s_3)$			$f_3^*(s)$	x_3^*
	E	F	G		
H	11	12	9	9	G
I	12	8	9	9	G

当 $k=4$ 时，当前阶段的即时最优解如表 9.12 所示。

表 9.12　当 $k=4$ 时的即时最优解

s_5	$f_4(s_5,x_4)=v_4(s_5,x_4)+f_3^*(s_4)$		$f_4^*(s)$	x_4^*
	H	I		
J	11	13	11	H

根据上述过程，可知最优决策为 $x_1^*=A$，$x_2^*=B$，$x_3^*=G$，$x_4^*=H$，即最终的最优路径为 $A\to B\to G\to H\to J$。

例 9.5（生产与存储问题）　假设某工厂要对某产品制订今后 4 个时期的生产规划，据估计，在今后 4 个时期内，市场对于该产品的需求量情况如表 9.13 所示。假定该工厂生产每批产品的固定成本为 3 千元，若不生产，则为 0。每单位产品成本为 1 千元，每个时期生产能力所允许的最大生产批量不超过 6 个单位，每个时期末未售出的产品需要的存储费用为 0.5 千元/单位。假定第 1 个时期的初始库存量为 0，第 4 个时期末的库存量也为 0。问：该工厂应如何安排每个时期的生产与库存，才能在满足市场需求的条件下，使总成本最小？

表 9.13　市场对于产品的需求量情况

时期（k）	1	2	3	4
需求量（d_k）	2	3	2	4

首先，该问题属于典型的多阶段决策过程最优化问题。根据对“阶段”所定义的对问题在时间和空间上的划分，本案例按时间可以划分为 4 个阶段。决策变量 x_k（$k=1,2,3,4$）表示在第 k 个阶段该产品的生产量。状态变量 s_k 表示在第 k 个阶段结束时产品的库存量。从题目中可知，本案例的状态转移方程为

$$s_k=s_{k-1}+x_k-d_k \tag{9.8}$$

在本案例中，可直接将所计算的成本费用加上符号转换为最小化问题。本案例的总代价函数为

$$\min\sum_{i=1}^{4}v_i(s_i,x_i) \tag{9.9}$$

$$\text{s.t. } 0\leqslant s_k\leqslant\min\{d_{k+1}+\cdots+d_{n-1}+d_n,6-d_k\}$$

$$0\leqslant x_k\leqslant\min\{6,s_k+d_k\}$$

其中，$v_k(s_k,x_k)$ 为阶段指标函数，表示第 k 个阶段的成本费用（生产成本+存储成本），即

$$v_k(s_k,x_k)=c_k(x_k)+h_k(s_k) \tag{9.10}$$

生产成本为

$$c_k(x_k)=\begin{cases}0, & x_k=0\\ 3+x_k, & x_k=1,2,\cdots,6\\ \infty, & x_k>6\end{cases}$$

存储成本为

$$h_k(s_k)=0.5s_k$$

根据总代价函数，采用逆推解法求解本案例的递推方程为

$$\begin{cases}f_k(s_k)=\min\limits_{0\leqslant x_k\leqslant \delta_k}\{v_k(s_k,x_k)+f_{k-1}^*(s_{k-1})\}\\ f_0(s_0)=0\end{cases} \tag{9.11}$$

因此，当$k=1$时，进行第 1 个时期的生产安排，即时最优解如表 9.14 所示。

表 9.14 当 $k=1$ 时的即时最优解

s_1	x_1	$f_1^*(s_1)$	x_1^*	s_1	x_1	$f_1^*(s_1)$	x_1^*
0	2	5	2	3	5	9.5	5
1	3	6.5	3	4	6	11	6
2	4	8	4	—	—	—	—

当$k=2$时，进行第 2 个时期的生产安排，即时最优解如表 9.15 所示。

表 9.15 当 $k=2$ 时的即时最优解

s_2	$f_2(s_2,x_2)=v_2(s_2,x_2)+f_1^*(s_1)$							$f_2^*(s_2)$	x_2^*
	0	1	2	3	4	5	6		
0	9.5	12	11.5	11				9.5	0
1	11.5	14	13.5	13	12.5			11.5	0
2		16	15.5	15	14.5	14		14	5
3			17.5	17	16.5	16	15.5	15.5	6

根据表 9.15 的计算过程，以$s_2=1$为例，展示计算过程。

当$x_2=0$时，$s_1=s_2+d_2-x_2=1+3-0=4$，$f_1^*(s_1)=11$，$v_2(s_2,x_2)=h_2(s_2)+c_2(x_2)=0.5+0=0.5$，因此，$f_2(s_2,x_2)=0.5+11=11.5$。

当$x_2=1$时，$s_1=s_2+d_2-x_2=1+3-1=3$，$f_1^*(s_1)=9.5$，$v_2(s_2,x_2)=h_2(s_2)+c_2(x_2)=0.5+3+1=4.5$，因此，$f_2(s_2,x_2)=4.5+9.5=14$。

当$x_2=2$时，$s_1=s_2+d_2-x_2=1+3-2=2$，$f_1^*(s_1)=8$，$v_2(s_2,x_2)=h_2(s_2)+c_2(x_2)=0.5+3+2=5.5$，因此，$f_2(s_2,x_2)=5.5+8=13.5$。

当$x_2=3$时，$s_1=s_2+d_2-x_2=1+3-3=1$，$f_1^*(s_1)=6.5$，$v_2(s_2,x_2)=h_2(s_2)+c_2(x_2)=0.5+3+3=6.5$，因此，$f_2(s_2,x_2)=6.5+6.5=13$。

当$x_2=4$时，$s_1=s_2+d_2-x_2=1+3-4=0$，$f_1^*(s_1)=5$，$v_2(s_2,x_2)=h_2(s_2)+c_2(x_2)=0.5+$

$3+4=7.5$，因此，$f_2(s_2,x_2)=7.5+5=12.5$。

表 9.15 中剩下的结果可按照上述步骤依次计算得出。

当 $k=3$ 时，进行第 3 个时期的生产安排，即时最优解如表 9.16 所示。

表 9.16　当 $k=3$ 时的即时最优解

s_3	$f_3(s_3,x_3)=v_3(s_3,x_3)+f_2^*(s_2)$							$f_3^*(s_3)$	x_3^*
	0	1	2	3	4	5	6		
0	14	15.5	14.5					14	0
1	16	18.5	17	16				16	0 或 3
2		20.5	20	18.5	17.5			17.5	4
3			22	21.5	20	19		19	5
4				23.5	23	21.5	20.5	20.5	6

当 $k=4$ 时，进行第 4 个时期的生产安排，即时最优解如表 9.17 所示。

表 9.17　当 $k=4$ 时的即时最优解

s_4	$f_4(s_4,x_4)=v_4(s_4,x_4)+f_3^*(s_3)$					$f_4^*(s_4)$	x_4^*
	0	1	2	3	4		
0	20.5	23	22.5	22	21	20.5	0

根据上述过程，可知最小总成本为 20.5 千元，最优生产方案为 $x_1^*=5$，$x_2^*=0$，$x_3^*=6$，$x_4^*=0$。

思政园地

社会进步与可持续发展

随着科学知识的增加，人类改造自然、利用自然的能力得到了极大的提升，但在社会发展的历史上，无所顾忌地极大化追求财富积累可能会给人类社会带来灾难。

从 18 世纪 60 年代起，英国开始了工业革命，成为率先开始工业化进程的国家。对于这场工业革命和工业化进程，人们给予了高度评价，认为它是人类历史的新纪元，它告别了农业文明，引领人类走向工业文明。但它带给人类的不仅有福祉，还有重大的代价和惨痛的教训。正如生活在工业革命时代的英国著名作家狄更斯所说："那是最美好的时代，那是最糟糕的时代""那是阳光普照的季节，那是黑暗笼罩的季节；那是充满希望的春天，还是让人绝望的冬天。"工厂负责人不顾一切地扩大生产，赚取利润。追逐利益的内在冲动在机器这一物质力量的条件下得到实现和放大。历史学家保尔·芒图说："工厂的目的就是生产商品""工厂的目标在于尽可能快地生产无限量的商品"。在工业革命以前，英国自然环境优美，由于蒸汽机的作用，工业用煤在燃烧时释放出的含有二氧化硫等有害物质的煤烟，使天空、建筑物等都变成了一片黝黑。1784 年，法国矿物学家在参观卡伦炼铁厂后写道："有那么一大串的车间，以致远处空气都被蒸热，在夜间，一切都被火焰和光辉照得雪亮，因此当人们在相当距离处发现那么多堆发亮的煤，又看到那些高炉上面喷出的火簇时，当人们听到那些打在铁钻上的沉重锤声夹杂着气泵的尖锐嘘声时，人们怀疑自己是否在一个爆发的火山脚下，或者被魔力送到火神及其独眼神在忙于行施霹雳的那个岩穴口上。”19 世纪，伦敦的气象学家卢克·霍华德说：“伦敦所有的烟囱都参与了造成如此经常地悬浮在该市上空的煤烟云的过程。而在大气停滞不动的时候，这座城市确实变得几乎无法居住了。”直至 1956 年，英国再次发生了使千余人丧生的空气污染事件后，英国议会才开始加快推动英国环境保护立法的进程。

2014 年 2 月 12 日，国务院常务会议上提出“要打一场治理雾霾的攻坚战、持久战”，短短数年，中国的城市空气质量得到了极大的好转。党的十八大以来，我国生态环境保护总体取得显著成效。目前，中国已成功遏制荒漠化扩展态势，荒漠化、沙化的土地面积分别以年均数千平方千米的速度持续缩减，沙区生态状况整体好转，实现了从“沙进人退”到“绿进沙退”的历史性转变。人与自然和谐共生成为中华民族伟大复兴的坚强底色，中国成为全球荒漠生态治理新标杆。2005 年 8 月，时任浙江省委书记的习近平在浙江省湖州市安吉县天荒坪镇余村考察时，首次提出“绿水青山就是金山银山”（“两山理论”）的重要论述。在“两山理论”的指引下，当地实现了从“靠山吃山”向“养山富山”的转变，探索出一条实现经济与生态互融共生、互促共进的新路子。习近平总书记在多个场合对“两山理论”进行了更加深刻、系统的理论概括和阐释，指出“我们既要绿水青山，也要金山银山。宁要绿水青山，不要金山银山，而且绿水青山就是金山银山”。习近平总书记在党的二十大报告中指出：“大自然是人类赖以生存发展的基本条件。尊重自然、顺应自然、保护自然，是全面建设社会主义现代化国家的内在要求。必须牢固树立和践行绿水青山就是金山银山的理念，站在人与自然和谐共生的高度谋划发展。”为我国社会最优化理论与方法的发展提供了坚实的理论依据。

参 考 文 献

[1] 陈宝林. 最优化理论与算法[M]. 北京：清华大学出版社，2005.

[2] CHONG E K P，ŻAK S H. 最优化导论[M]. 4 版. 孙志强，白圣建，郑永斌，等，译. 北京：电子工业出版社，2021.

[3] GEL'FAND I M. Lectures on linear algebra[M]. London: Dover Publications, 1989.

[4] 张贤达. 矩阵分析与应用[M]. 北京：清华大学出版社，2004.

[5] 薛毅，耿美英. 运筹学与实验[M]. 北京：电子工业出版社，2008.

[6] 马昌凤. 最优化方法及其 Matlab 程序设计[M]. 北京：科学出版社，2010.

[7] 傅英定，成孝予，唐应辉. 最优化理论与方法[M]. 北京：国防工业出版社，2008.

[8] 薛毅. 最优化：理论、计算与应用[M]. 北京：科学出版社，2019.

[9] MCCORMICK G P. Nonlinear programming: Theory, algorithms and application[M]. New York: John Wiley & Sons, 1983.

[10] 邓乃扬. 无约束优化方法[M]. 北京：科学出版社，1982.

[11] FLETCHER R. Practical methods of optimization, Vol.1: Unconstrained optimization[M]. New York: John Wiley & Sons, 1980.